電気基礎
実戦ノート

電気教育図書研究会 編

JN218253

梅田出版

ま え が き

　「電気基礎」とは，文字通り電気の基礎を学習修得する科目です。工業技術の発達した現代において，電気はなくてはならないものです。

　その基礎を学習修得するということは，これから技術者の一員となる諸君にとって，最も重要な事柄の一つとなります。しかし，電気は一般に目に見えない現象を取り扱いますので，理解するのには難しさを伴います。この困難を克服するためには，基礎をしっかり身につけることが大切です。本書を利用され，より一層の効果をあげられることを期待します。

　以下本書を利用する方法について記しますと，

(1)　各節のはじめに公式を掲げています。指導または学習上の参考として下さい。

(2)　教科書のその節が修了したあと，宿題あるいはテスト問題として利用されると効果があがります。

　最後に本書をより完全なものにするために，ご使用になった先生方および生徒諸君のご教示・ご評判をいただければ幸いです。

編者しるす

目　次

第 1 章

直流回路

1−1　単位接頭語

重要事項

接頭記号（名称）	量	接頭記号（名称）	量
T（テラ）	10^{12}	d（デシ）	10^{-1}
G（ギガ）	10^{9}	c（センチ）	10^{-2}
M（メガ）	10^{6}	m（ミリ）	10^{-3}
k（キロ）	10^{3}	μ（マイクロ）	10^{-6}
h（ヘクト）	10^{2}	n（ナノ）	10^{-9}
da（デカ）	10^{1}	p（ピコ）	10^{-12}

練習問題

【1】　左辺の諸量を右辺の単位に換算しなさい。

(1)　　1 [kV] = ... [V]

(2) 100 [kΩ] = ... [Ω]

(3) 10 [MΩ] = ... [Ω]

(4)　20 [cm] = ... [m]

(5) 0.5 [mm] = ... [m]

【2】　左辺の諸量を右辺の単位に換算しなさい。

(1)　　100 [V] = ... [kV]

(2)　　0.2 [m] = ... [km]

(3)　1000 [m] = ... [cm]

(4)　　10 [V] = ... [mV]

(5) 0.0001 [A] = ... [μA]

【3】　左辺の諸量を右辺の単位に換算しなさい。

(1) 1000 [kΩ] = ... [MΩ]

(2)　10 [μm] = ... [mm]

(3)　10 [mm] = ... [μm]

(4)　0.1 [μA] = ... [mA]

(5)　0.01 [km] = ... [mm]

1-2　オームの法則

重要事項

(1)　電流 I [A] $=\dfrac{電圧\ V\ [V]}{抵抗\ R\ [\Omega]}$

(2)　抵抗 R [Ω] $=\dfrac{電圧\ V\ [V]}{電流\ I\ [A]}$

(3)　電圧 V [V] $=$ 抵抗 R [Ω] × 電流 I [A]

練習問題

【1】　次の各問に答えなさい。

(1)　図の回路において，50 [Ω] の抵抗に電流が5 [A] 流れた。このときの電圧 [V] を求めなさい。

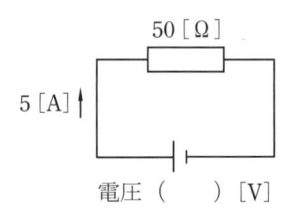

50 [Ω]

5 [A]

電圧 （　　　）[V]

(2) 10 [Ω] の抵抗に電流が5 [A] 流れた。電圧 [V] を求めなさい。

(3) 5 [kΩ] の抵抗に電流が0.1 [mA] 流れた。電圧 [V] を求めなさい。

(4) 50 [Ω] の抵抗に電流が2 [A] 流れた。電圧 [kV] を求めなさい。

(1) 図の回路において， 抵抗に100 [V] の電圧を加えたときに電流が5 [A] 流れた。
この抵抗値は何[Ω]になるかを求めなさい。

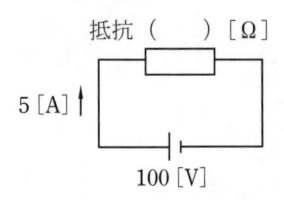

抵抗 （　　） [Ω]

5 [A]

100 [V]

(2) ある抵抗に電圧200 [V]を加えたときに電流が2.5 [A] 流れた。
この抵抗値は何 [Ω]になるかを求めなさい。

(3) ある抵抗に電圧100 [mV]を加えたときに電流が10 [mA]流れた。
この抵抗値は何[Ω]になるかを求めなさい。

(4) ある抵抗に電圧20 [V]を加えたときに電流が2 [mA]流れた。
この抵抗値は何[kΩ]になるかを求めなさい。

【3】 次の各問に答えなさい。

(1) 図の回路において，25 [Ω]の抵抗に電圧が 50 [V]加えられた。流れる電流[A]を求めなさい。

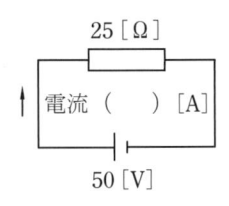

25 [Ω]

電流（　　）[A]

50 [V]

(2) 50 [Ω]の抵抗に電圧が 2 [V]加えられた。流れる電流[mA]を求めなさい。

(3) 100 [kΩ]の抵抗に電圧が 10 [V]加えられた。流れる電流[mA]を求めなさい。

(4) 100 [kΩ]の抵抗に電圧が 100 [V]加えられた。流れる電流[mA]を求めなさい。

(5) ある抵抗に電圧を100 [V]加えたときに電流が5 [A]流れた。このとき，この抵抗に電圧を 120 [V]加えたときの電流[A]を求めなさい。

1−3　合成抵抗

重要事項

(1) 直列合成抵抗 $R = R_1 + R_2 + R_3 + \cdots + R_n$ $[\Omega]$

(2) 並列合成抵抗 $R = \dfrac{1}{\dfrac{1}{R_1} + \dfrac{1}{R_2} + \dfrac{1}{R_3} + \cdots + \dfrac{1}{Rn}}$ $[\Omega]$

2つの抵抗 R_1 と R_2 の並列合成抵抗 $R = \dfrac{1}{\dfrac{1}{R_1} + \dfrac{1}{R_2}} = \dfrac{R_1 \times R_2}{R_1 + R_2}$ $[\Omega]$

練習問題

【1】　次のab間の合成抵抗を求めなさい。

(1)

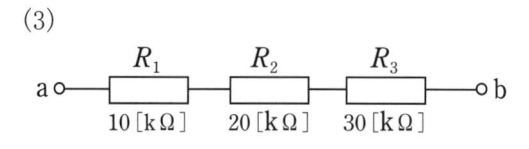

(2)

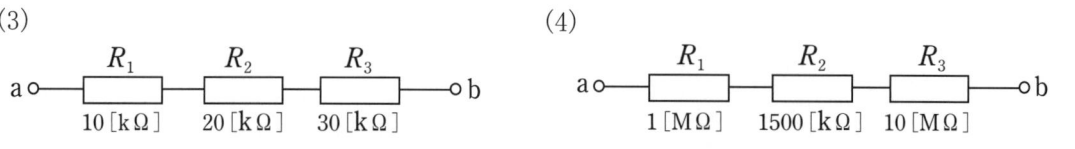

(3)

(4)

(5)

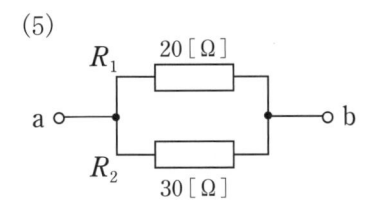

(6)

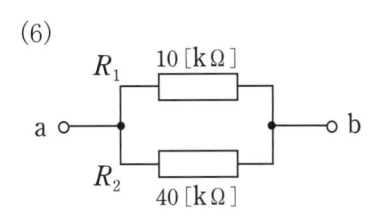

(7)

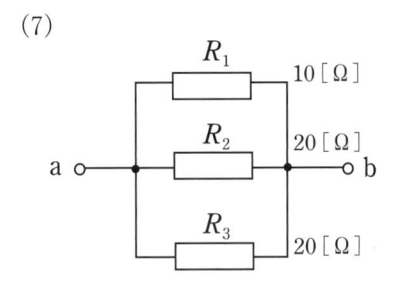

(8)

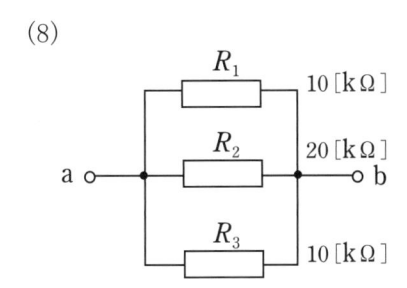

(9)

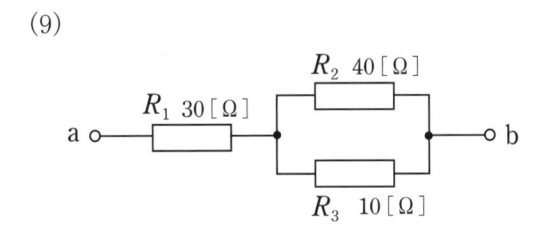

(10)

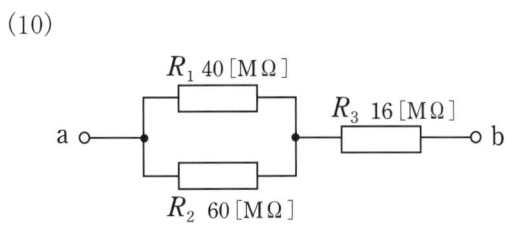

【2】 次の図における各端子間の合成抵抗を求めなさい。

(1)
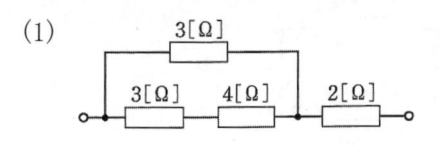

(2)
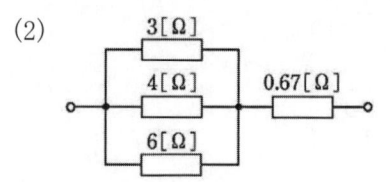

(3)
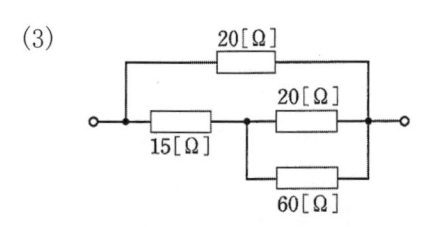

(4)
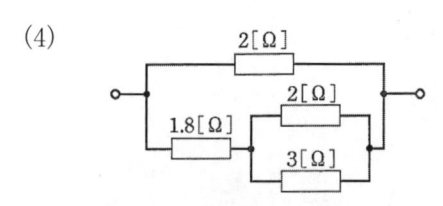

(5)
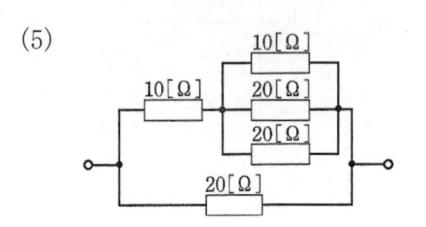

(6)
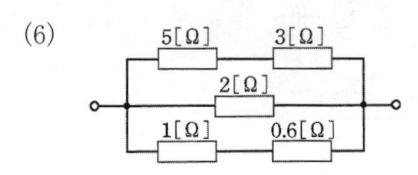

(7)
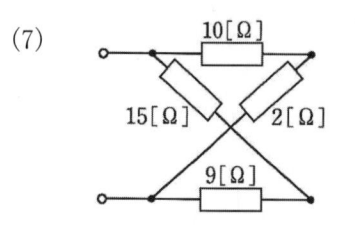

(8)
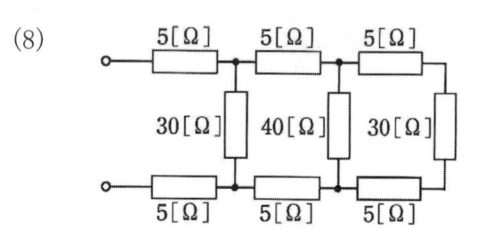

【3】 2個の抵抗を直列に接続すると50〔Ω〕となり，並列に接続すると8〔Ω〕になった。
この2個の抵抗値を求めなさい。

1−4 分圧・分流

重要事項

（1）直列接続の分圧

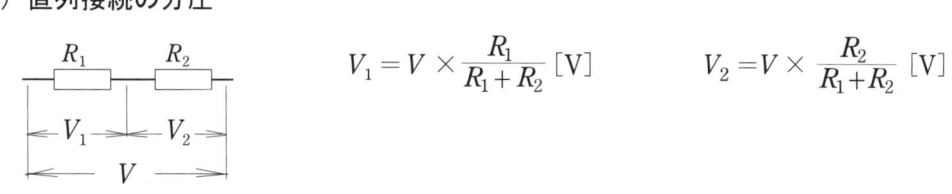

$$V_1 = V \times \frac{R_1}{R_1 + R_2} \ [\text{V}] \qquad\qquad V_2 = V \times \frac{R_2}{R_1 + R_2} \ [\text{V}]$$

（2）並列接続の分流

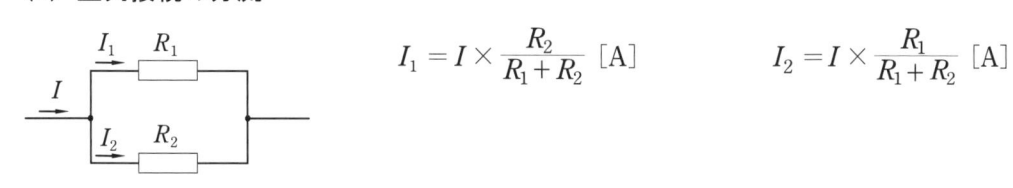

$$I_1 = I \times \frac{R_2}{R_1 + R_2} \ [\text{A}] \qquad\qquad I_2 = I \times \frac{R_1}{R_1 + R_2} \ [\text{A}]$$

練習問題

【1】 図の回路において，次の各問に答えなさい。

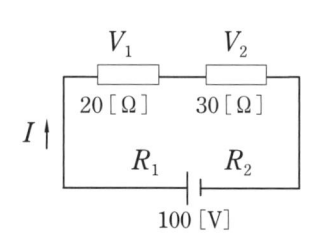

（1）合成抵抗 R [Ω]を求めなさい。

（2）電流 I [A]を求めなさい。

（3）電圧 V_1 [V]，V_2 [V]を求めなさい。

【2】 図の回路において，次の各問に答えなさい。

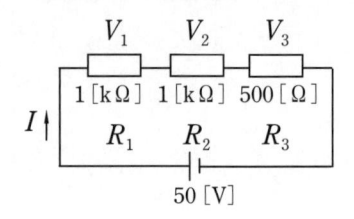

(1) 合成抵抗 R [Ω]を求めなさい。

(2) 電流 I [mA]を求めなさい。

(3) 電圧 V_1 [V]，V_2 [V]，V_3 [V]を求めなさい。

【3】 図の回路において，次の各問に答えなさい。

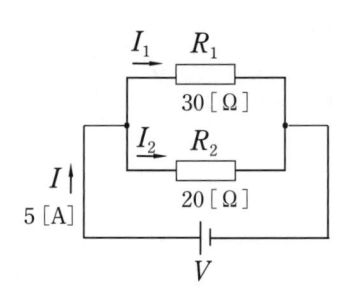

(1) 合成抵抗 R [Ω]を求めなさい。

(2) 電圧 V [V]を求めなさい。

(3) 電流 I_1 [A]，I_2 [A]を求めなさい。

【4】 図の回路において，次の各問に答えなさい。

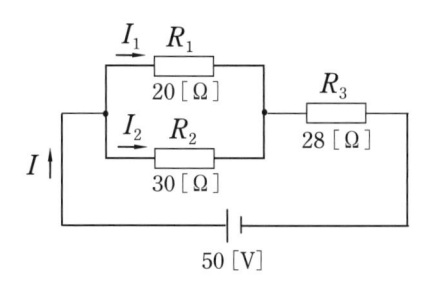

(1) 合成抵抗 R [Ω]を求めなさい。

(2) 電流 I [A]を求めなさい。

(3) 電流 I_1 [A]，I_2 [A]を求めなさい。

(4) 抵抗 R_1 に加わる電圧 V_1 [V]を求めなさい。

(5) 抵抗 R_3 に加わる電圧 V_3 [V]を求めなさい。

【5】 図の回路において，次の各問に答えなさい。

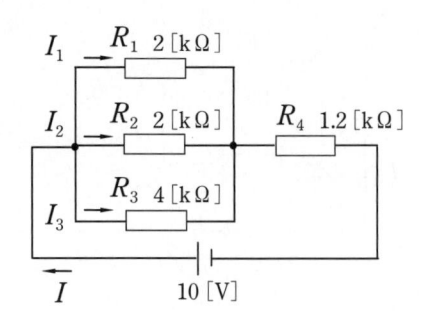

(1) 合成抵抗 R [kΩ]を求めなさい。

(2) 電流 I [mA]を求めなさい。

(3) 電流 I_1 [mA]，I_2 [mA]，I_3 [mA]を求めなさい。

(4) 抵抗 R_1 に加わる電圧 V_1 [V]を求めなさい。

(5) 抵抗 R_4 に加わる電圧 V_4 [V]を求めなさい。

【6】 図の回路において，次の各問に答えなさい。

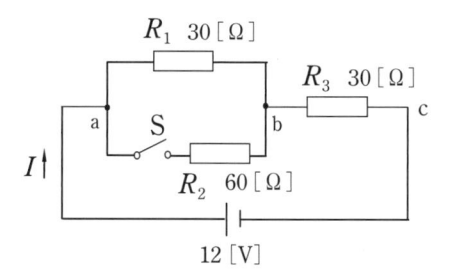

(1) スイッチSを開いたときの合成抵抗 R [Ω]を求めなさい。

(2) スイッチSを閉じたときの合成抵抗 R [Ω]を求めなさい。

(3) スイッチSを開いたときの電流 I [A]を求めなさい。

(4) スイッチSを閉じたときの電流 I [A]を求めなさい。

(5) スイッチSを閉じたときのab 間の電圧 V [V]を求めなさい。

(6) スイッチSを閉じたときのbc 間の電圧 V [V]を求めなさい。

【7】 2[Ω]と3[Ω]の抵抗を並列に接続し，電圧を加えたとき，2[Ω]の抵抗に6[A]の電流が流れた。3[Ω]の抵抗に流れている電流を求めなさい。

【8】 図の回路のように，等しい値の3個の抵抗Rを三角形に配置して，ab間に100[V]の電圧を加えると，20[A]の電流が流れた。抵抗Rの値を求めなさい。

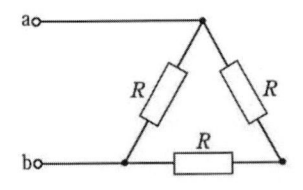

【9】 図の回路において，R_1とR_2とに流れる電流の比を1：2にしたい。次の各問に答えなさい。

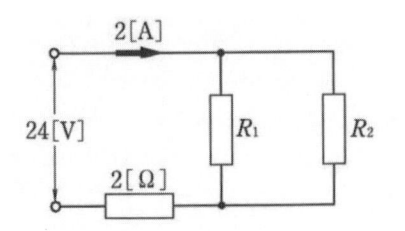

(1) R_1の値を求めなさい。

(2) R_2の値を求めなさい。

【10】 図の回路において，ab間の電圧は一定である。Kを閉じたとき，aから流入する電流を，Kを開いたときの2倍としたい。Rの値を求めなさい。

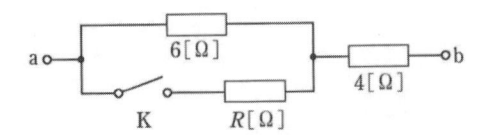

1−5 電位と電位差

練習問題

【1】 図の回路において，d 点の電位を0とした。

(1) b点の電位を求めなさい。

(2) bc間の電位差を求めなさい。

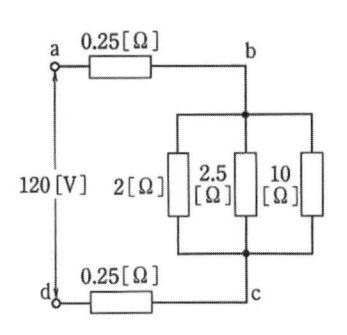

【2】 図の回路において，c 点の電位を0とした。

(1) bc 間の合成抵抗を求めなさい。

(2) bc 間の電圧降下を求めなさい。

(3) b点の電位を求めなさい。

(4) ab間の電位差を求めなさい。

(5) 抵抗Rの値を求めなさい。

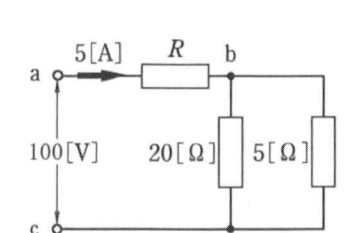

【3】 図の回路において，ab間に100 [V]を加えた。

(1) c点の電位[V]を求めなさい。

(2) d点の電位[V]を求めなさい。

(3) 電圧計の指示値[V]を求めなさい。

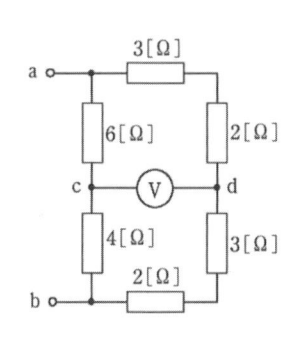

1−6 キルヒホッフの法則

重要事項

（1）電流に関する法則（第1法則）

　　分岐点において，　流入する電流の和 ＝ 流出する電流の和

（2）電圧に関する法則（第2法則）

　　閉回路において，　電圧降下の和 ＝ 起電力の和

練習問題

【1】　図の回路において，次の各問に答えなさい。

$E_1 = 2$ [V]，$E_2 = 10$ [V]，$R_1 = 3$ [Ω]，$R_2 = 4$ [Ω]，$R_3 = 2$ [Ω]とする。

(1) f点において，電流に関する式①を作りなさい。

　　　　　　　　　　　　……①

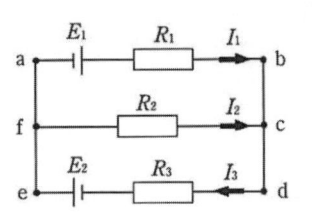

(2) 閉回路abcfaにおいて，電圧に関する式②を作りなさい。

　　　　　　　　　　　　……②

(3) 閉回路 abdea において，電圧に関する式③を作りなさい。

　　　　　　　　　　　　……③

(4) ①，②，③を連立方程式として，電流 I_1，I_2，I_3 を求めなさい。

$$I_1 = $$

$$I_2 = $$

$$I_3 = $$

【2】　図の回路において，電流 I_1，I_2，I_3を求めなさい。

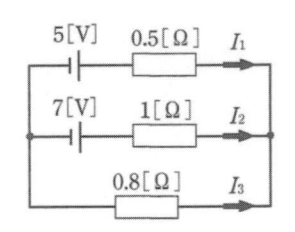

$$I_1 = $$

$$I_2 = $$

$$I_3 = $$

【3】 図の回路において，電流 I_1, I_2, I_3 を求めなさい。

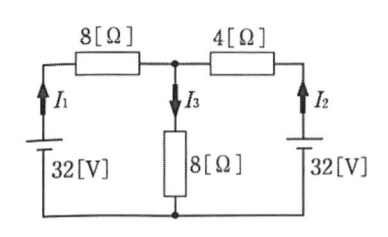

$I_1 =$ ....

$I_2 =$ ....

$I_3 =$ ....

【4】 図の回路において，電流 I_1, I_2, I_3 を求めなさい。
$E_1 = 12[\text{V}]$, $E_2 = 4[\text{V}]$, $E_3 = 5[\text{V}]$, $R_1 = 3[\Omega]$, $R_2 = 2[\Omega]$, $R_3 = 1[\Omega]$ とする。

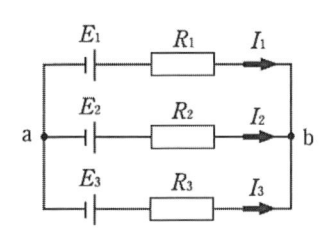

$I_1 =$ ....

$I_2 =$ ....

$I_3 =$ ....

【5】 図の回路において，$2[\Omega]$ の抵抗に流れる電流が $1[\text{A}]$ のとき，全電流 I を求めなさい。

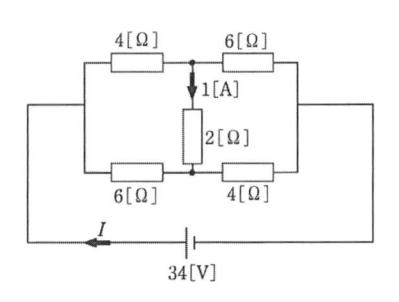

【6】 図の回路の合成抵抗を求めなさい。

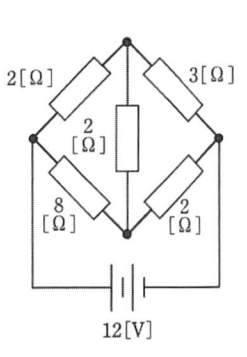

1-7 ホイートストンブリッジ

重要事項

平衡条件 $PX = QR\,(P:R = Q:X)$

$$X = R\dfrac{Q}{P}\ [\Omega]$$

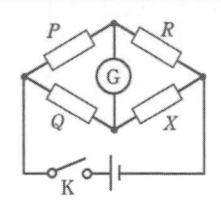

練習問題

【1】 図の回路でスイッチKを閉じても，検流計の振れは0であった。
次の各問の未知抵抗Xの値を求めなさい。

(1) $P = 100\,[\Omega]$，　$Q = 10\,[\Omega]$，　$R = 3647\,[\Omega]$

(2) $P = 1000\,[\Omega]$，　$Q = 10\,[\Omega]$，　$R = 4876\,[\Omega]$

(3) $P = 10\,[\Omega]$，　$Q = 100\,[\Omega]$，　$R = 5493\,[\Omega]$

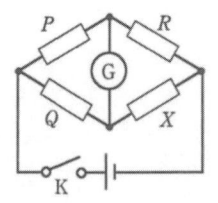

【2】 図の回路において，スイッチKを開閉しても電流計の振れは変わらなかった。
Xの値を求めなさい。
ただし，$P = 75\,[\Omega]$，$Q = 100\,[\Omega]$，$R = 456\,[\Omega]$　とする。

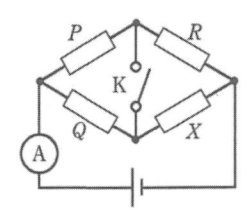

【3】 図の回路において，$R_A = 36\,[\Omega]$, $R_B = 72\,[\Omega]$，$R_C = 12\,[\Omega]$でブリッジが平衡している。

(1) R_D の値を求めなさい。

(2) ab間の合成抵抗を求めなさい。

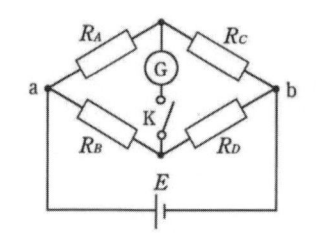

【4】 図の回路において，ブリッジの検流計の振れが 0 になった。抵抗 R の値を求めなさい。

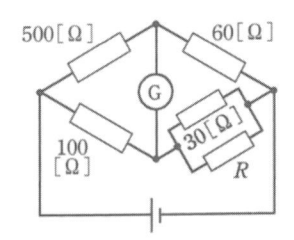

【5】 図の回路において，$R_A = X$ [Ω]，$R_B = 2$ [Ω]，$R_C = 4$ [Ω]，$R_D = X+7$ [Ω] でブリッジが平衡しているとき，X の値を求めなさい。

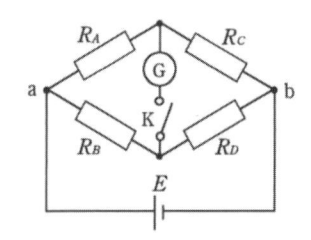

【6】 図の回路において，ab 間の合成抵抗を求めなさい。

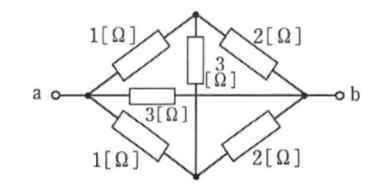

【7】 図の回路において，ab 間の合成抵抗を求めなさい。

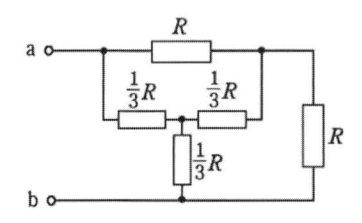

【8】 図の回路において，9 [Ω] の抵抗に流れる電流が 4 [A] のとき，電圧 E の値を求めなさい。

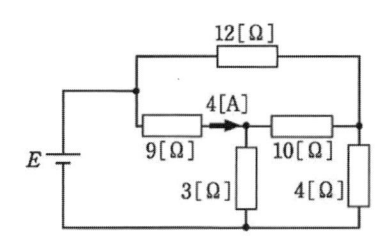

1−8 抵抗率と導電率

重要事項

(1) 導体の抵抗と抵抗率 $R = \rho \times \dfrac{L}{A}$ [Ω]

(2) 導電率 $\sigma = \dfrac{1}{\rho}$ [S/m]

	電気基礎	電気工事
L :	長 さ [m]	L : 長 さ [m]
A :	断面積 [m²]	A : 断面積 [mm²]
ρ :	抵抗率 [Ω・m]	ρ : 抵抗率 [Ω・mm²/m]

練習問題

【1】 次の各問に答えなさい。

(1) $2\,[\text{km}] = []\,[\text{m}]$

(2) 銅線の断面積 $5\,[\text{mm}^2] = []\,[\text{m}^2]$

(3) 銅線の半径 $2\,[\text{mm}]$ の断面積 $[\text{m}^2]$ を求めなさい。

(4) 銅線の直径 $8\,[\text{mm}]$ の断面積 $[\text{m}^2]$ を求めなさい。

【2】 断面積 $5\,[\text{mm}^2]$，長さ $500\,[\text{m}]$ の硬銅線の電気抵抗 $[\text{Ω}]$ を求めなさい。
ただし，硬銅線の抵抗率を $1.75 \times 10^{-8}\,[\text{Ω・m}]$ とする。

【3】 断面積 $5\,[\text{mm}^2]$，長さ $3\,[\text{km}]$ の硬銅線の電気抵抗 $[\text{Ω}]$ を求めなさい。
ただし，硬銅線の抵抗率を $1.75 \times 10^{-8}\,[\text{Ω・m}]$ とする。

【4】 半径2[mm]，長さ2[km]の硬銅線の電気抵抗[Ω]を求めなさい。
ただし，硬銅線の抵抗率を1.75×10^{-8}[Ω・m]とする。

【5】 直径8[mm]，長さ1[km]の硬銅線の電気抵抗[Ω]を求めなさい。
ただし，硬銅線の抵抗率を1.75×10^{-8}[Ω・m]とする。

【6】 断面積5[mm²]，長さ150[m]のニクロム線の電気抵抗が50[Ω]であった。
このニクロム線の抵抗率[Ω・m]と導電率[S/m]を求めなさい。

【7】 抵抗率0.02[Ω・mm²/m]，長さ80[m]の抵抗が0.5[Ω]になる電線の直径を求めなさい。

【8】 同材質の銅線A，Bがある。Aの直径は1.6[mm]，長さは100[m]で，Bの直径は3.2[mm]，長さは50[m]である。Aの電気抵抗はBの電気抵抗の何倍かを求めなさい。

1−9　抵抗の温度係数

重要事項

(1) 温度上昇後の抵抗　（t [℃]からT [℃]に上昇）

$$R_r = R_t \{1 + \alpha_t (T-t)\} \; [\Omega]$$

R_r [Ω]：T [℃]のときの抵抗

R_t [Ω]：t [℃]のときの抵抗

α_t [℃$^{-1}$]：t [℃]のときの抵抗温度係数

(2) t [℃]のときの抵抗温度係数

$$\alpha_t = \frac{\alpha_0}{1 + \alpha_0 t} \; [\text{℃}^{-1}]$$

α_0：0 [℃]のときの抵抗温度係数

練習問題

【1】　20 [℃]での抵抗が1.5 [Ω]の銅線は60 [℃]では何[Ω]となるか求めなさい。
ただし，この銅線の20 [℃]の抵抗温度係数を0.004 [℃$^{-1}$]とする。

【2】　30 [℃]における抵抗が500 [Ω]である導線は，80 [℃]では何[Ω]となるか求めなさい。
ただし，この導線の30 [℃]の抵抗温度係数を0.004 [℃$^{-1}$]とする。

【3】　ある合金線の抵抗温度係数が0 [℃]で2.5×10^{-3} [℃$^{-1}$]である。30 [℃]における抵抗温度係数を求めなさい。

【4】　20 [℃]のときに抵抗が1.30 [Ω]である銅線がある。この銅線を加熱したところ，抵抗が1.42 [Ω]になった。このときの温度T [℃]を求めなさい。
ただし，この銅線の20 [℃]における抵抗温度係数は3.9×10^{-3} [℃$^{-1}$]とする。

1−10　倍率器と分流器

重要事項

(1) **倍率器**（電圧計の測定範囲を拡大するための直列抵抗）

$$V' = \left(1 + \frac{R_m}{r_v}\right) \times V \,[\mathrm{V}] = mV \,[\mathrm{V}] \quad (m：倍率器の倍率)$$

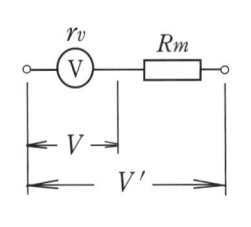

$r_v \,[\Omega]$：　電圧計の内部抵抗　　　$R_m \,[\Omega]$：　倍率器

$V \,[\mathrm{V}]$：　電圧計の最大目盛　　　$V' \,[\mathrm{V}]$：　測定電圧

(2) **分流器**（電流計の測定範囲を拡大するための並列抵抗）

$$I' = \left(1 + \frac{r_a}{R_s}\right) \times I \,[\mathrm{A}] = nI \,[\mathrm{A}] \quad (n：分流器の倍率)$$

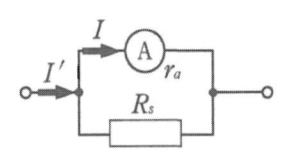

$r_a \,[\Omega]$：　電流計の内部抵抗　　　$R_s \,[\Omega]$：　分流器

$I \,[\mathrm{A}]$：　電流計の最大目盛　　　$I' \,[\mathrm{A}]$：　測定電流

練習問題

【1】　内部抵抗120 [kΩ]，最大指示値150 [V]の電圧計を利用して，最大指示値で900 [V]の電圧を測定するのに必要な直列抵抗を求めなさい。

【2】　内部抵抗15 [kΩ]，最大目盛100 [V]の電圧計に，直列に45 [kΩ]の抵抗を接続するとき，測定できる回路電圧の最大値を求めなさい。

【3】　内部抵抗18 [kΩ]，最大目盛100 [V]の電圧計を500 [V]用にするのに必要な倍率器を求めなさい。

【4】 内部抵抗0.1［Ω］，最大指示1［A］の電流計を15［A］まで測定できるようにするための分流器を求めなさい。

【5】 内部抵抗が5［Ω］である250［mA］用の電流計と1.25［Ω］の抵抗を並列に接続したとき，電流計の最大測定電流を求めなさい。

【6】 図の回路において，電流計A_1の読みは28［A］，A_2の読みは16［A］であった。分流器R_Sが0.05［Ω］のとき，電流計A_2の内部抵抗を求めなさい。

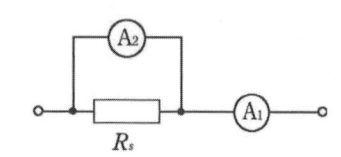

【7】 内部抵抗が6［Ω］，最大目盛20［A］の電流計に2［Ω］の分流器を接続した。 電流計の指示が14［A］のとき，被測定電流を求めなさい。

【8】 電流計の内部抵抗の0.2倍の値をもつ分流器を電流計に並列に接続したとき，電流計の測定範囲は何倍になるか求めなさい。

1−11 電流の発熱作用

重要事項

(1) ジュールの法則

$$Q = I^2Rt \ [\mathrm{J}]$$

$R \ [\Omega]$ の抵抗に $I \ [\mathrm{A}]$ の電流を t 秒間流したときに発生する熱量 $[\mathrm{J}]$

(2) 水の比熱：$4.19 \times 10^3 \ [\mathrm{J/kg \cdot ℃}]$

$$Q = 4.19 \times 10^3 MT \ [\mathrm{J}]$$

$M \ [\mathrm{kg}]$ の水の温度を $T \ [℃]$ 高くするのに必要な熱エネルギー $Q \ [\mathrm{J}]$

練習問題

【1】 30 $[\Omega]$ の抵抗に 2 $[\mathrm{A}]$ の電流が 20 分流れた。次の各問に答えなさい。

(1) 20 分 = [　　　　　　　　] 秒

(2) 20 分間に発生した熱エネルギー $[\mathrm{J}]$ を求めなさい。

【2】 25 $[\Omega]$ の抵抗に 100 $[\mathrm{V}]$ の電圧を 30 分加えた。次の各問に答えなさい。

(1) 30 分 = [　　　　　　　　] 秒

(2) 30 分間に発生した熱エネルギー $[\mathrm{J}]$ を求めなさい。

【3】 50 $[\Omega]$ の抵抗にある大きさの電流を 20 分間流したとき，$3.84 \times 10^6 \ [\mathrm{J}]$ の熱が発生した。このときの電流を求めなさい。

【4】 2 $[\mathrm{m}^3]$ の水を 30 $[℃]$ より 80 $[℃]$ にすることにした。次の各問に答えなさい。

(1) 2 $[\mathrm{m}^3]$ の水は何 $[\mathrm{kg}]$ になるかを求めなさい。

(2) 必要な熱量 $[\mathrm{J}]$ を求めなさい。

1−12 電力

重要事項

電　力　$P = VI = I^2R = \dfrac{V^2}{R}$ [W]

V [V]：電圧　　I [A]：電流　　R [Ω]：抵抗

練習問題

【1】　ある抵抗に電圧100 [V]を加えると，2 [A]の電流が流れた。このときの電力[W]を求めなさい。

【2】　ある抵抗に電圧100 [V]を加えると，電流が500 [mA]が流れた。このときの電力[W]を求めなさい。

【3】　5 [Ω]の抵抗に20 [V]の電圧を加えたときの電力[W]を求めなさい。

【4】　5 [kΩ]の抵抗に10 [V]の電圧を加えたときの電力[W]を求めなさい。

【5】　10 [Ω]の抵抗に2 [A]の電流を流したときの電力[W]を求めなさい。

【6】　3 [A]の電流をある負荷に流したとき，300 [W]の電力を消費した。このときに加えた電圧[V]を求めなさい。

【7】　電圧100 [V]，消費電力250 [W]の電熱器の抵抗 [Ω]を求めなさい。

【8】 40［Ω］の抵抗にある電流を流すと1［kW］の電力を消費した。流した電流［A］を求めなさい。

【9】 100［V］の電源につないだとき，400［W］の電力を消費する電気器具がある。電源電圧を80［V］に変えて使用すると消費電力［W］はいくらになるか。

【10】 図の回路の全消費電力［W］を求めなさい。

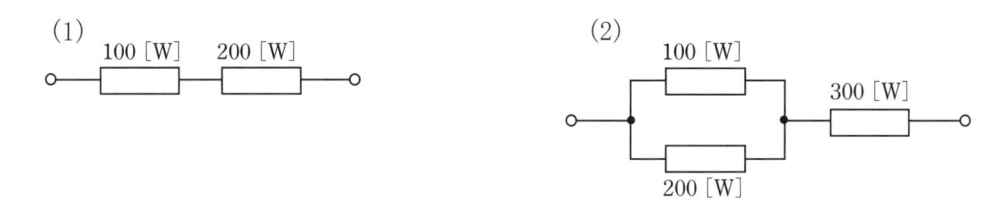

【11】 次のような回路で両端に電圧 12［V］を加えたときの各抵抗の消費電力を求めなさい。また，回路の全消費電力［W］を求めなさい。

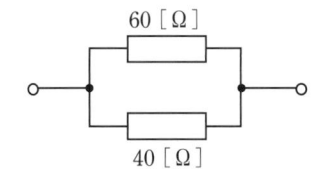

【12】 100［V］，600［W］の電熱器の電熱線の断面積を1/2倍，長さを4倍にしたときの消費電力［W］を求めなさい。

1-13　電力量

電力量 $W = Pt$ [W・s]　　　　t [s] : 時間

練習問題

【1】　次の各問に答えなさい。

(1)　　　30日 = [　　　　　　　　] 時間

(2)　1 [kW・h] = [　　　　　　　] [W・h]

(3)　1 [kW・h] = [　　　　　　　] [kW・s]

(4)　1 [kW・h] = [　　　　　　　] [W・s]

(5)　1 [kW・h] 当たりの電気代が30円とすると，消費電力量が200 [kW・h] のときの電気料金は [　　　　　　　] 円となる。

【2】　電力500 [W] の電気器具を30秒使用したときの電力量 W [W・s] を求めなさい。

【3】　電力10 [kW] の電気器具を30秒使用したときの電力量 W [kW・s] を求めなさい。

【4】　電力10 [kW] の電気器具を1時間使用したときの電力量 W [kW・h] を求めなさい。

【5】　抵抗2 [Ω]，電流4 [A] の電気器具を1分30秒使用したときの電力量 W [W・s] を求めなさい。

【6】 抵抗5〔Ω〕，電流2〔A〕の電気器具を1時間使用したときの電力量 W〔kW・h〕を求めなさい。

【7】 200〔V〕，100〔Ω〕アイロンを2時間使用したときの電力量 W〔kW・h〕を求めなさい。

【8】 100〔V〕，10〔kΩ〕のアイロンを100時間使用したときの電力量 W〔kW・h〕を求めなさい。

【9】 100〔V〕，5〔A〕の電気器具を2時間使用したときの電力量 W〔kW・h〕を求めなさい。

【10】 200〔V〕，5〔A〕の電気器具を90分使用したときの電力量 W〔kW・h〕を求めなさい。

【11】 50〔W〕の白熱電灯4個を2時間，3〔kW〕の電気器具を30分間，300〔W〕の電動機を15分間使用したときの電力量〔W・h〕を求めなさい。

【12】 100〔V〕，50〔W〕の電球8個を毎日4時間点灯し，100〔V〕，500〔W〕の電気器具1個を毎日3時間使用した場合，1ヶ月(30日とする)の消費電力量〔kW・h〕を求めなさい。

第 *2* 章

電流と磁気

2−1 磁極に働く力

重要事項

磁気に関するクーロンの法則

$$F = \frac{1}{4\pi\mu} \times \frac{m_1 m_2}{r^2} = \frac{1}{4\pi\mu_0\mu_r} \times \frac{m_1 m_2}{r^2} = 6.33 \times 10^4 \times \frac{m_1 m_2}{\mu_r r^2} \ [\text{N}]$$

物質の透磁率 μ ＝真空の透磁率 μ_0 ×物質の比透磁率 μ_r

$$\mu_0 = 4\pi \times 10^{-7} \ [\text{H/m}]$$

練習問題

【1】 磁極の強さ m_1 が 1×10^{-4} [Wb]，m_2 が 2×10^{-5} [Wb]の二つの点磁極を空気中で 0.01 [m] の距離を隔てて置いた。磁極間に働く力 F [N]を求めなさい。

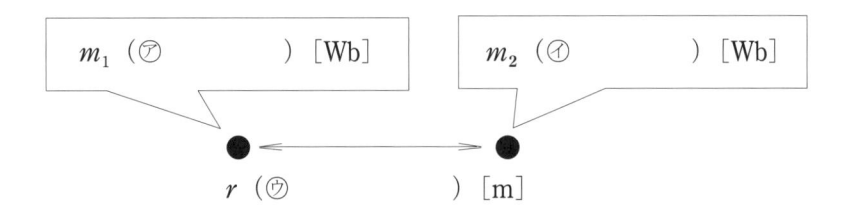

【2】 空気中で 5 [cm]の距離にある二つの磁極の強さが 4×10^{-4} [Wb]であるとき，磁力を求めなさい。

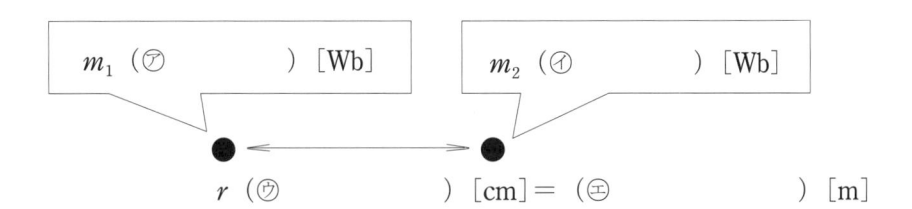

【3】 磁界の強さ m_1 が 1.15×10^{-4} [Wb]と磁界の強さ m_2 が 3.34×10^{-4} [Wb]の二つの磁極間に働く力を 1 [N]としたい。二つの磁極間の距離を求めなさい。ただし，真空中とする。

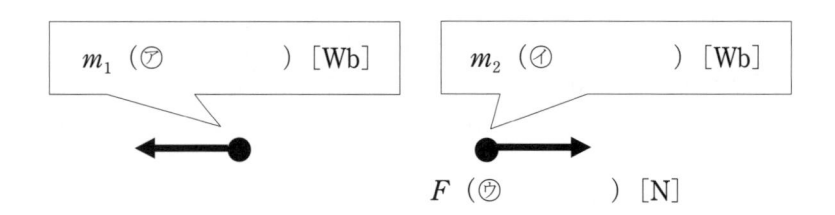

m_1（㋐　　　　　　）[Wb]　　　m_2（㋑　　　　　　）[Wb]

F（㋒　　　　　）[N]

【4】 次の各問に答えなさい。

(1) 空気の比透磁率は[　　　　　]である。

(2) 真空(空気)の透磁率は[　　　　　　][H/m]である。

(3) 比透磁率 70 の物質の透磁率は[　　　　　　　　][H/m]である。

【5】 磁極の強さがそれぞれ 3×10^{-5} [Wb]，6×10^{-4} [Wb]の二つの点磁極を比透磁率が 5 の物質中に 3 [cm]の距離を隔てて置いた。磁極間に働く力の大きさを求めなさい。

【6】 磁極の強さがそれぞれ 10^{-4} [Wb]および 4×10^{-5} [Wb]の二つの点磁極をある物質中で 2 [cm]の距離を隔てて置いたときに 0.127 [N]の力が働いた。この物質の比透磁率を求めなさい。

2−2 磁 界

重要事項

(1) 磁界の強さ $H = 6.33 \times 10^4 \times \dfrac{m}{\mu_r r^2}$ [A/m]

(2) 磁界中の磁極に働く力 $F = mH$ [N]

練習問題

【1】 空気中で 2×10^{-5} [Wb]の磁極から2 [m]離れた点の磁界の強さを求めなさい。

【2】 真空中に 8×10^{-3} [Wb]の点磁極が置かれている。この点磁極から40 [cm]離れた点の磁界の強さを求めなさい。

【3】 比透磁率が3の物質中において，4×10^{-5} [Wb]の磁極から2 [cm]離れた点の磁界の強さを求めなさい。

【4】 磁界の強さが200 [A/m]の点に 5×10^{-3} [Wb]の磁極を置いたとき，この磁極に働く力を求めなさい。

2-3 磁束と磁界

重要事項

磁束密度 $B = \dfrac{\phi}{A}$ [T]　　　　　　　磁束：ϕ [Wb]　　　　　A：面積 [m²]

$$B = \mu H = 4\pi \times 10^{-7} \mu_r H \text{ [T]}$$　　　H：磁界の強さ [A/m]　　　μ_r：比透磁率

練習問題

【1】　次の各問に答えなさい。

(1)　磁界の強さが H [A/m] のときの磁力線の本数は 1 m² 当たり [　　　　] 本である。

(2)　空気中において磁極の強さが m [Wb] のときの磁力線の本数は，[　　　　　　] 本である。

(3)　磁極の強さが m [Wb] のときの磁束の本数は [　　　　] 本である。

(4)　2.5 [Wb] の N 極から出る磁束の本数は [　　　　] 本である。

【2】　次の各問に答えなさい。

(1)　断面積が 0.001 [m²] の鉄心の中を 2×10^{-3} [Wb] の磁束が通っている。
　　このときの磁束密度 B [T] を求めなさい。

(2)　断面積が 60 [cm²] の鉄心の中を 7.2×10^{-3} [Wb] の磁束が通っている。
　　このときの磁束密度 B [T] を求めなさい。

(3)　半径が 0.01 [m²] の鉄心の中を 7.2×10^{-3} [Wb] の磁束が通っている。
　　このときの磁束密度 B [T] を求めなさい。

【3】　次の各問に答えなさい。

(1)　真空中のある点における磁界の強さが 200 [A/m] であった。
　　このときの磁束密度を求めなさい。

(2)　比透磁率が 2000 の環状鉄心に 2000 [A/m] の磁界を加えた。
　　このときの磁束密度を求めなさい。

2－4　電流による磁界

重要事項 1

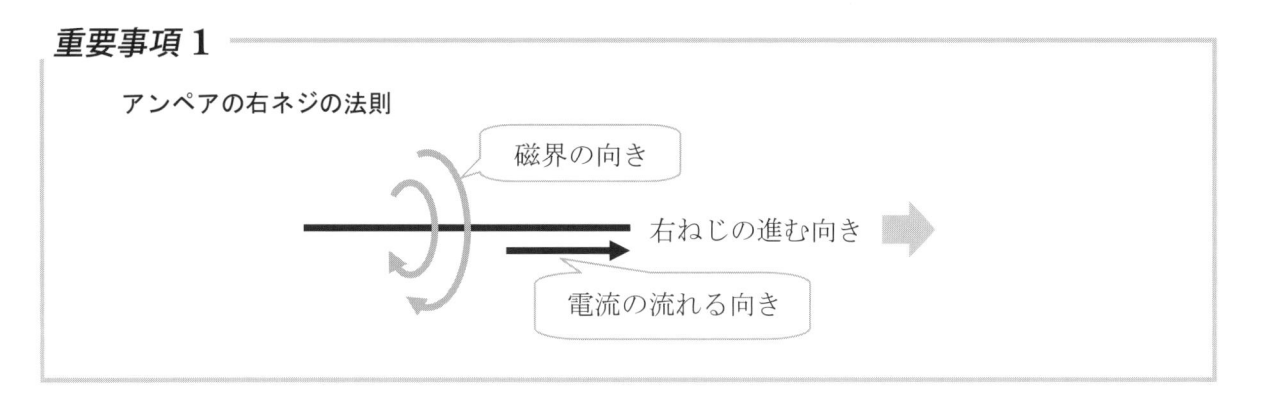

アンペアの右ネジの法則

磁界の向き

右ねじの進む向き

電流の流れる向き

練習問題

【1】　図の導体またはコイルに矢印の方向に電流を流した。点 a における磁界の方向を矢印で示しなさい。

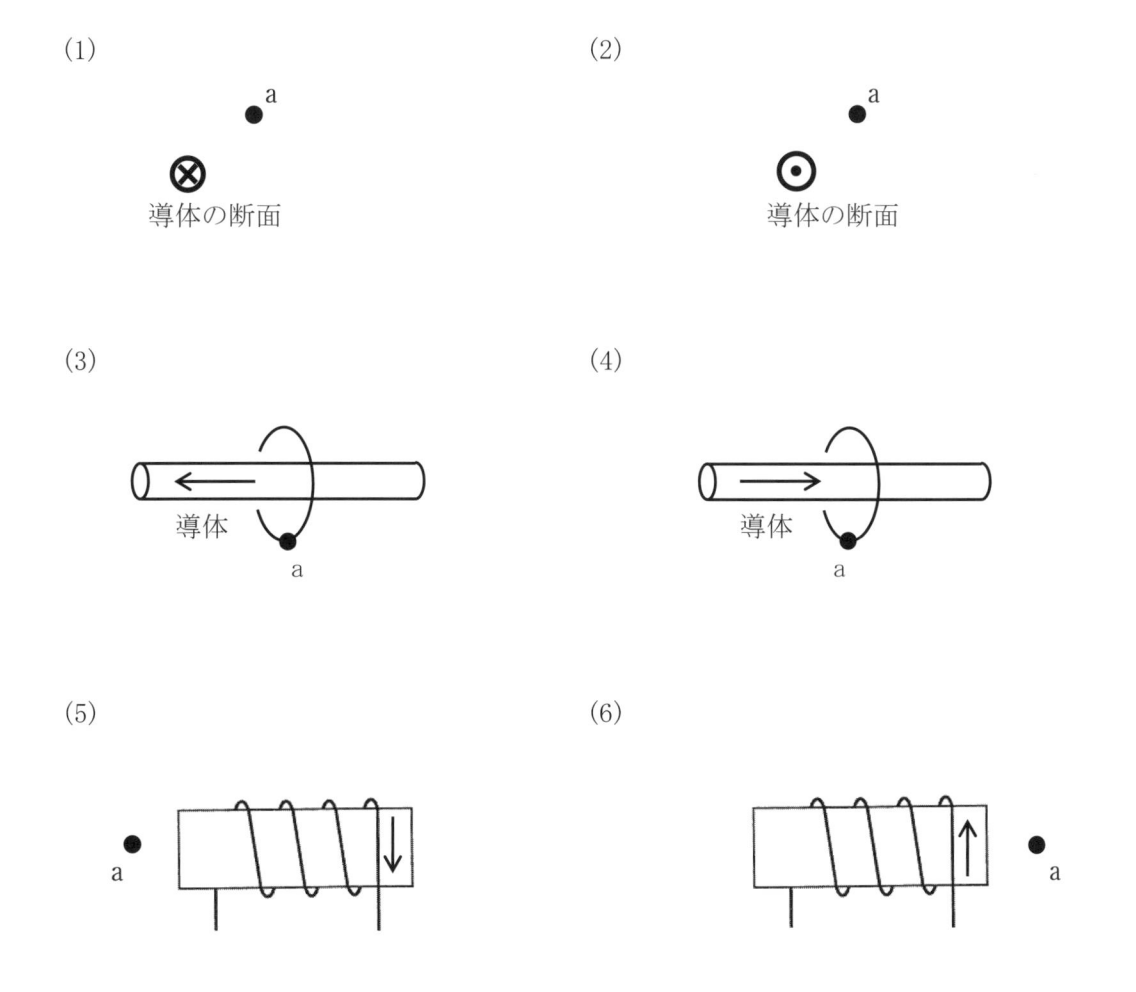

(1)

a

導体の断面

(2)

a

導体の断面

(3)

導体

a

(4)

導体

a

(5)

a

(6)

a

(1) 直線電流による磁界 $H = \dfrac{I}{2\pi r}$ [A /m]

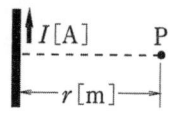

(2) 円形コイルの中心にできる磁界 $H = \dfrac{NI}{2r}$ [A /m]

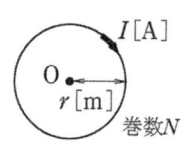

巻数N

練習問題

【1】 無限長直線導体に6.28 [A]の電流を流したとき，導体から直角に10 [cm]離れた点の磁界の強さを求めなさい。

【2】 10 [A]の電流が流れている無限長直線導体がある。1 [A/m]の磁界の強さとなる点は，この導体より何[m]の距離にあるか求めなさい。

【3】 半径10 [cm]，巻数20回の円形コイルに0.5 [A]の電流を流したとき，コイルの中心にできる磁界の強さを求めなさい。

【4】 直径80 [cm]の200回巻きのコイルの中心における磁界の強さが100 [A/m]であった。コイルに流れている電流を求めなさい。

重要事項 3

(1) 環状コイルの内部にできる磁界 $H = \dfrac{NI}{2\pi r}$ [A/m]

(2) 無限長ソレノイドの内部にできる磁界 $H = \dfrac{NI}{2\pi r} = nI$ [A/m]

           n は1[m]当たりの巻数

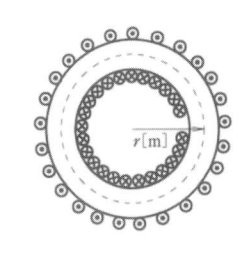

練習問題

【1】 平均半径が 20[cm]，コイルの半径が 2[cm]の環状コイルに 5[A]の電流を流した。コイル内部の磁界の強さを求めなさい。ただし，コイルの巻数は 157 回とする。

【2】 直径 20[cm]の環状コイルに 2[A]電流を流したとき，コイル内部の磁界が 2000[A/m]であった。次の各問に答えなさい。

(1) 直径 20[cm]の環状コイルの半径の長さは何[m]になるかを求めなさい。

(2) コイルの巻数を求めなさい。

【3】 1[m]当たりの巻数が 400 回である無限長コイルに 0.6[A]の電流を流した。
このときのコイル内部の磁界の強さを求めなさい。

【4】 長さ 1[cm]当たりの巻数が 80 回の無限長ソレノイドに電流を流したとき，ソレノイド内部の磁界の大きさが 200[A/m]であった。次の各問に答えなさい。

(1) 長さ 1[cm]当たりの巻数が 80 回のとき，1[m]当たりの巻数は何回になるかを求めなさい。

(2) ソレノイドに流した電流を求めなさい。

2−5 磁気回路

重要事項

(1) 起磁力 $NI = Hl$ [A]

(2) 磁気抵抗 $R = \dfrac{NI}{\phi} = \dfrac{l}{\mu A}$ [H^{-1}]

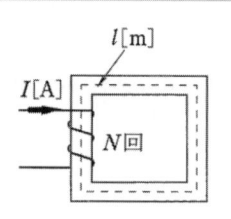

練習問題

【1】 巻数500回のコイルに0.3 [A]の電流を流した。起磁力を求めなさい。

【2】 磁路の平均長さが40 [cm]の環状鉄心がある。磁界の大きさを2000 [A/m]にするために必要な起磁力を求めなさい。

【3】 コイルの巻数が1000回の磁気回路に，5×10^{-2} [Wb]の磁束を通すのに必要な電流を求めなさい。ただし，磁気抵抗は2×10^{3} [H^{-1}]とする。

【4】 長さ1 [m]の磁気回路にコイルを200回巻き，2 [A]の電流を流した。磁気回路の磁界の強さを求めなさい。

【5】 磁路の長さ $31.4\,[\mathrm{cm}]$，断面積 $10\,[\mathrm{cm}^2]$ の環状鉄心があるとき，次の各問に答えなさい。ただし，鉄心の比透磁率は 200 とする。

(1) 環状鉄心の断面積 $10\,[\mathrm{cm}^2]$ は何 $[\mathrm{m}^2]$ になるかを求めなさい。

(2) 透磁率を求めなさい。

(3) この環状鉄心の磁気抵抗を求めなさい。

【6】 比透磁率 300，断面積 $30\,[\mathrm{cm}^2]$ の磁気回路の磁気抵抗が $2.7\times10^5\,[\mathrm{H}^{-1}]$ であるとき，次の各問に答えなさい。

(1) 磁気回路の断面積 $30\,[\mathrm{cm}^2]$ は何 $[\mathrm{m}^2]$ になるかを求めなさい。

(2) 透磁率を求めなさい。

(3) この磁気回路の長さを求めなさい。

【7】 図の磁気回路について，次の各問に答えなさい。ただし，鉄心の比透磁率を 200 とする。

(1) 起磁力を求めなさい。

(2) 透磁率を求めなさい。

(3) 鉄心の磁気抵抗を求めなさい。

(4) 鉄心内部の磁束を求めなさい。

(5) 磁束密度を求めなさい。

$I=5\,[\mathrm{A}]$
$N=300$
$A=0.01\,[\mathrm{m}^2]$
$l=0.25\,[\mathrm{m}]$

2−6 電磁力

重要事項

電磁力 $F = BIl \sin \theta$ [N]

B [T]：磁束密度 　　 I [A]：電流 　　 l [m]：導体の長さ

練習問題

【1】 図の電線に働く力の方向を図示しなさい。

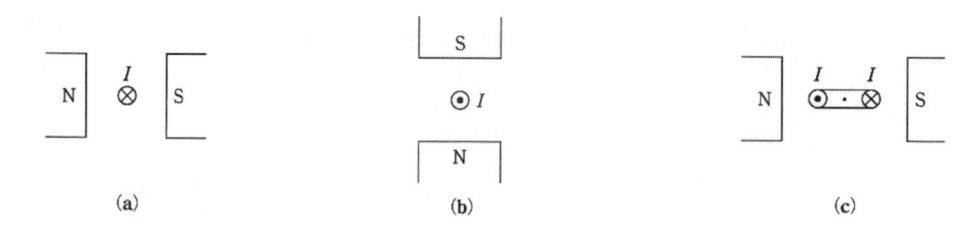

(a) 　　　　　　　　　(b) 　　　　　　　　　(c)

【2】 次の値を求めなさい。

(1) $\sin 0° = [\qquad]$ 　　　　　(2) $\sin 30° = [\qquad]$

(3) $\sin 45° = [\qquad]$ 　　　　　(4) $\sin 60° = [\qquad]$

(5) $\sin 90° = [\qquad]$

【3】 磁束密度 0.5 [T] の磁界中に長さ 1 [m] の直線導体を磁界の方向と次のような角度においたとき 2 [A] の電流を流した。導体に働く力の大きさを求めなさい。

(1) $\theta = 90°$ （直角）

(2) $\theta = 30°$

(3) $\theta = 0°$ （垂直）

【4】 磁束密度 0.5 [T] の磁界中に長さ 50 [cm] の直線導体を磁界の方向と 60° の角度で置き、2 [A] の電流を流したときの導体に働く力の大きさを求めなさい。

2−7 トルクの大きさ

(1) 平等磁界中の電流の流れたコイルに働くトルクの大きさ

$$T = BIab\cos\theta \ [\text{N}\cdot\text{m}]$$

(2) 巻数が N 回のときのトルクの大きさ

$$T = BIabN\cos\theta \ [\text{N}\cdot\text{m}]$$

B [T] ：磁束密度
I [A] ：電流
a, b [m] ：長方形コイルの長さ
ab [m²] ：長方形コイルの面積

練習問題

【1】 次の値を求めなさい。

(1) $\cos 0° = [\qquad]$　　　　(2) $\cos 30° = [\qquad]$

(3) $\cos 45° = [\qquad]$　　　　(4) $\cos 60° = [\qquad]$

(5) $\cos 90° = [\qquad]$

【2】 磁束密度 1.5 [T] の磁界内にそれぞれの長さが 20 [cm] と 30 [cm] の長方形のコイルを置き，これに 0.6 [A] の電流を流した。次の各問に答えなさい。

(1) 長方形のコイルの面積を求めなさい。

(2) コイルの傾きが磁界の方向と 60° の角度のときのトルクを求めなさい。

【3】 磁束密度 0.4 [T] の磁界内に長方形コイルの面積が 3×10^{-4} [m²]，巻数が 500 回のコイルを置き，これに 20 [mA] の電流を流した。コイルの傾きが磁界の方向と 30° の角度のとき，トルクを求めなさい。

2−8　電流相互間に働く力

重要事項

真空中の電流相互間1 [m]の当たりに働く力　$F = 2 \times \dfrac{I_a I_b}{r} \times 10^{-7}$ [N/m]

I_a [A]：導体 A に流れる電流　　　I_b [A]：導体 B に流れる電流　　　r [m]：導体間の距離

練習問題

【1】　導体に働く力の方向を図示しなさい。

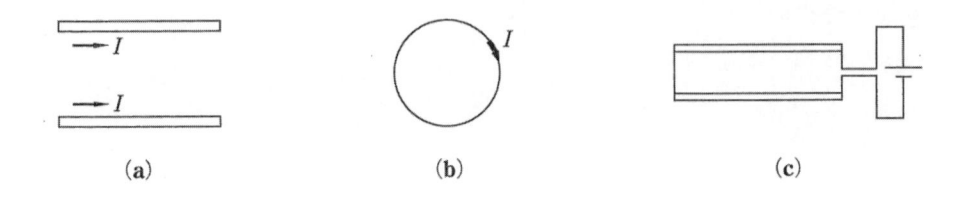

(a)　　　　　　　　　　　(b)　　　　　　　　　　　(c)

【2】　空気中で10 [cm]の間隔で平行に張られた直線導体に，それぞれ10 [A]を流した。
　　　電線1 [m]当りに働く力を求めなさい。

【3】　平行に張られた2本の電線に50 [A]の電流が互いに反対方向に流れている。
　　　電線間の距離が14 [cm]で電線の長さが4 [m]のとき，電磁力の大きさを求めなさい。

2−9　電磁誘導

重要事項 1

ファラデーの法則　$e = N \dfrac{\Delta \phi}{\Delta t}$ [V]

N [回]：巻数　　　Δt [s]：時間の変化　　　$\Delta \phi$ [Wb]：磁束の変化

練習問題

【1】 10回巻きのコイルを貫いている 0.3 [Wb] の磁束が 0.2 秒間に 0 [Wb] となった。次の各問に答えなさい。

(1) 時間の変化（Δt）を求めなさい。

(2) 磁束の変化（$\Delta \phi$）を求めなさい。

(3) コイルに誘導される電圧を求めなさい。

【2】 巻数 400 回のコイルを貫く磁束が 0.4 秒間に 3×10^{-3} [Wb] から 5×10^{-3} [Wb] まで変化した。次の各問に答えなさい。

(1) 時間の変化（Δt）を求めなさい。

(2) 磁束の変化（$\Delta \phi$）を求めなさい。

(3) コイルに誘導される電圧を求めなさい。

【3】 あるコイルを貫いている磁束が 0.2 秒間に 0.05 [Wb] 変化したところ，8 [V] の起電力を生じた。このコイルの巻数を求めなさい。

導体に発生する起電力 $e = Blv\sin\theta$ [V]

B [T]：磁束密度 $\quad\quad$ l [m]：長さ $\quad\quad$ v [m/s]：速度

練習問題

【1】 磁束密度 0.2 [T] の磁界中に長さ 40 [cm] の直線導体を磁界の方向と直角の方向に 5 [m/s] の速さで運動させた。この直線導体に生ずる誘導電圧を求めなさい。

【2】 磁束密度が 0.5 [T] の平等磁界内に長さ 20 [cm] の直線導体を置き，磁界と 60 度の方向に毎秒 4 [m] の速度で運動させた。この直線導体に発生する起電力の大きさを求めなさい。

【3】 磁束密度 0.6 [T] の平等磁界内に置かれた 20 [cm] の直線導体を磁界と直角の方向に，ある速度で動かすと 6 [V] の誘導起電力を生じた。そのときの速度を求めなさい。

【4】 3 [T] の磁束密度の平等磁界に対して直角にある長さの導線を置き，これを 50 [m/s] の速度で磁界と直角に動かし，誘導起電力が 30 [V] であるときの導線の長さを求めなさい。

2−10 自己インダクタンス

重要事項 1

自己誘導起電力 $e = L \dfrac{\Delta I}{\Delta t}$ [V]

L [H]：自己インダクタンス　　　　Δt [s]：時間の変化　　　　ΔI [A]：電流の変化

練習問題

【1】 自己インダクタンスが 2 [H] のコイルに流れる電流を 0.01 秒間に電流を 0.5 [A] から 2.1 [A] まで変化させたとき，次の各問に答えなさい。

(1) 時間の変化（Δt）を求めなさい。

(2) 電流の変化（ΔI）を求めなさい。

(3) コイルに誘導される起電力の大きさを求めなさい。

【2】 自己インダクタンスが 20 [mH] のコイルに流れる電流を 0.02 秒間に電流を 6 [mA] 変化させたとき，コイルに誘導される起電力の大きさを求めなさい。

【3】 あるコイルに流れる電流を 0.02 秒間に 1 [A] 変化させると， 20 [V] の誘導電圧が生じた。このときのコイルの自己インダクタンスを求めなさい。

【4】 あるコイルに流れる電流を毎秒 0.8 [A] の割合で増加させたとき， コイルに生じた電圧が 1 [V] であった。コイルの自己インダクタンスを求めなさい。

重要事項 2

自己インダクタンス $L = \dfrac{N\phi}{I}$ [H]

N [回]：巻数　　　ϕ [Wb]：磁束　　　I [A]：電流

練習問題

【1】　巻数が 150 回のコイルに 6 [A] の電流を流したところ 0.03 [Wb] の磁束が生じた。このコイルの自己インダクタンスを求めなさい。

【2】　自己インダクタンスが 3 [H] のコイルに 1 [A] の電流を流したところ 0.02 [Wb] の磁束が生じた。このコイルの巻数を求めなさい。

【3】　250 [mA] の電流を自己インダクタンスが 10 [mH] のコイルに流した。コイルの巻数を 200 回とすれば，これに発生する磁束を求めなさい。

【4】　巻数が 200 回，自己インダクタンスが 100 [mH] のコイルに電流を流したところ，5×10^{-4} [Wb] の磁束が発生した。このときの電流の値を求めなさい。

重要事項 3

環状鉄心に巻いたコイルの自己インダクタンス

$$L = \frac{\mu A N^2}{l} = \frac{\mu_0 \mu_r A N^2}{l} \, [\text{H}]$$

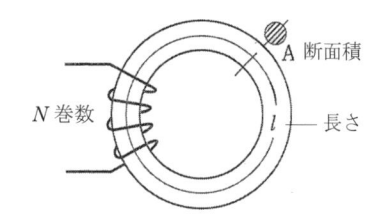

$\mu \, [\text{H/m}]$ ： 透磁率 （$\mu = \mu_0 \mu_r$）

$A \, [\text{m}^2]$ ： 断面積

$N \, [\text{回}]$ ： 巻数

$l \, [\text{m}]$ ： 長さ

練習問題

【1】 磁路の断面積が $2 \times 10^{-4} \, [\text{m}^2]$，長さが $0.5 \, [\text{m}]$，コイルの巻数が 1000 回，比透磁率が 500 とするとき，次の各問に答えない。

(1) 透磁率を求めなさい。

(2) 自己インダクタンスを求めなさい。

【2】 磁路の断面積が $4 \times 10^{-4} \, [\text{m}^2]$，長さが $0.4 \, [\text{m}]$，コイルの巻数が 1200 回，比透磁率が 500 とするとき，自己インダクタンスを求めなさい。

2−11 相互インダクタンス

練習問題

【1】　相互インダクタンスが 1.5 [H] の二つのコイルがある。一次側の電流が 0.5 秒間に 0.4 [A] から 1.2 [A] に変化したとき，次の各問に答えなさい。

(1)　一次側の電流の変化（ΔI_1）を求めなさい。

(2)　二次コイルに発生する電圧を求めなさい。

【2】　相互インダクタンスが 0.4 [H] の二つのコイルがある。一方のコイルの電流を 0.1 秒間に 2 [A] の割合で変化させたとき，他方のコイルの誘導起電力の大きさを求めなさい。

【3】　一次コイルに流れる電流を 0.002 秒間に 10 [mA] から 16 [mA] に変化させると二次コイルに 6 [V] の誘導起電力を生じたという。このときの相互インダクタンスを求めなさい。

【4】　一次コイルの電流が 1/100 秒間に 10 [A] 変化して，二次コイルに 46 [V] の起電力を誘導するという。このときの相互インダクタンスを求めなさい。

相互インダクタンス

$$M = \frac{\mu A N_1 N_2}{l} = \frac{\mu_0 \mu_r A N_1 N_2}{l} \ [H]$$

$\mu \ [H/m]$ ： 透磁率 （$\mu = \mu_0 \mu_r$）

$A \ [m^2]$ ： 断面積

N_1 ： 一次コイルの巻数

N_2 ： 二次コイルの巻数

$l \ [m]$ ： 長さ

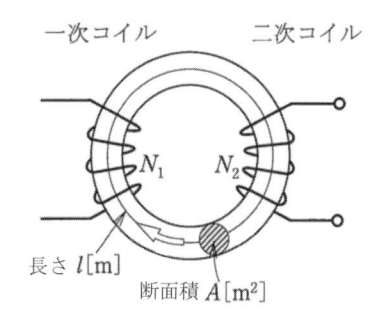

練習問題

【1】 断面積 8 [cm²]，磁路の長さ 160 [cm]，比透磁率 2000 の環状鉄心に一次コイル（巻数 200 回）と二次コイル（巻数 500 回）を巻きつけた。次の各問に答えなさい。

(1) 環状鉄心の磁路の長さ160 [cm]は何[m]になるかを求めなさい。

(2) 環状鉄心の断面積の大きさ8 [cm²]は何[m²]になるかを求めなさい。

(3) 環状鉄心の透磁率を求めなさい。

(4) 相互インダクタンスを求めなさい。

【2】 断面積 6 [cm²]，比透磁率 1500 の環状鉄心に一次コイルを 5000 回，二次コイルを 4000 回巻いたとき，20 [H]の相互インダクタンスを得るための鉄心の長さを求めなさい。

2−12 自己インダクタンスと相互インダクタンス

重要事項

$M = k\sqrt{L_1 L_2}\ [\mathrm{H}]$　　　　k：コイル間の結合係数（漏れ磁束がないとき $k = 1$）

練習問題

【1】 一次コイルの自己インダクタンスが 98 [mH]，二次コイルの自己インダクタンスが 200 [mH]であるとき，次の各問に答えなさい。

(1) 漏れ磁束がないときの相互インダクタンスを求めなさい。

(2) 漏れ磁束を考えて結合係数を 0.9 とした場合の相互インダクタンスを求めなさい。

【2】 一次コイルの自己インダクタンスが 200 [mH]，二次コイルの自己インダクタンスが 800 [mH]の二つのコイルがある。一次コイルの磁束の 60%が二次コイルを貫くとするとき，両コイル間の相互インダクタンスを求めなさい。

【3】 一次コイルの自己インダクタンスが 200 [mH]，二次コイルの自己インダクタンスが 450 [mH]の二つのコイルがある。このコイル間の相互インダクタンスが 60 [mH]であるときの結合係数を求めなさい。

【4】 一次コイルの自己インダクタンスが 100 [mH]，コイル間の相互インダクタンスが 150 [mH]，結合係数が 1 のコイルがある。二次コイルの自己インダクタンスを求めなさい。

2−13 合成インダクタンス

重要事項

 (1) 和動接続 $L = L_1 + L_2 + 2M \,[\text{H}]$

 (2) 差動接続 $L = L_1 + L_2 - 2M \,[\text{H}]$

練習問題

【1】 次の(1)〜(2)の接続方法は和動接続であるか。差動接続であるかを答えなさい。

(1)

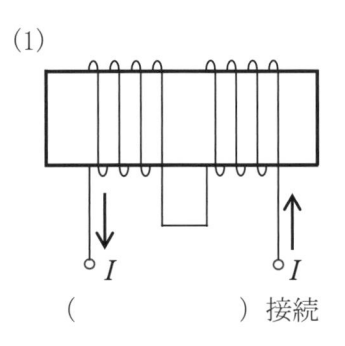

 (   ) 接続

(2)

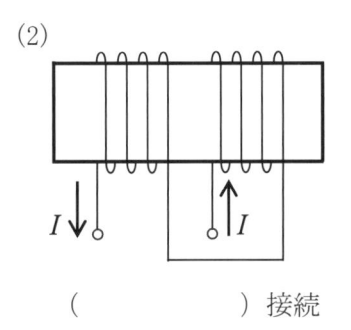

 (   ) 接続

【2】 2つのコイルが和動接続されている。一次コイルの自己インダクタンスが 1 [H]，二次コイルの自己インダクタンスが 2 [H]，相互インダクタンスが 0.5 [H]であるとき，合成インダクタンスを求めなさい。

【3】 2つのコイルが差動接続されている。一次コイルの自己インダクタンスが 1 [H]，二次コイルの自己インダクタンスが 2 [H]，相互インダクタンスが 0.5 [H]であるとき，合成インダクタンスを求めなさい。

【4】 コイルAの自己インダクタンスが 20 [mH]，コイルBの自己インダクタンスが 40 [mH]のとき，両者を直列和動接続したインダクタンスは 80 [mH]であった。両コイル間の相互インダクタンスを求めなさい。

2−14　電磁エネルギー

練習問題

【1】　自己インダクタンスが 5 [H]のコイルに 4 [A]の電流を流したとき，このコイルに蓄えられる電磁エネルギーを求めなさい。

【2】　自己インダクタンス 5 [H]のコイルに 100 [mA]の電流を流したとき，このコイルに蓄えられる電磁エネルギーを求めなさい。

【3】　2[A]の電流が流れているコイルに 0.6 [J]のエネルギーが蓄えられている。コイルの自己インダクタンスを求めなさい。

【4】　自己インダクタンスが 40 [H]のコイルに蓄えられる磁界のエネルギーが 500 [J]であるとき，コイルに流した電流を求めなさい。

第3章

静電気

3−1 静電力

重要事項

静電気に関するクーロンの法則

(1) $F = \dfrac{1}{4\pi\varepsilon} \times \dfrac{Q_1 Q_2}{r^2} = \dfrac{1}{4\pi\varepsilon_0 \varepsilon_r} \times \dfrac{Q_1 Q_2}{r^2} = 9\times10^9 \times \dfrac{Q_1 Q_2}{\varepsilon_r\, r^2}\ [\text{N}]$

誘電率 ε = 真空の誘電率 ε_0 × 比誘電率 ε_r

(2) $\varepsilon_0 = \dfrac{10^{-9}}{36\pi} = 8.85\times10^{-12}\ [\text{F/m}]$

練習問題

【1】 $Q_1 = 5\times10^{-6}\,[\text{C}]$ と $Q_2 = 8\times10^{-6}\,[\text{C}]$ の2つの点電荷を真空中で1 [m]離して置いたとき，この電荷間に働く静電力を求めなさい。

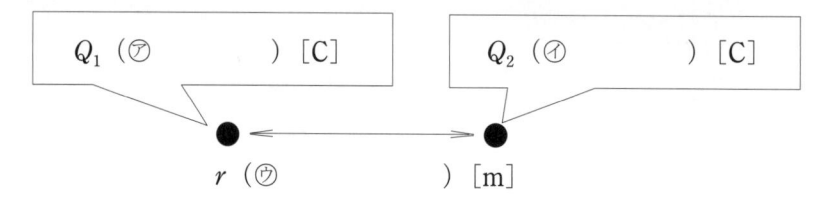

【2】 空気中に20 [cm]離して置かれた6 [μC]と4 [μC]の2つの点電荷がある。この電荷間に働く静電力を求めなさい。

【3】 空気中に $6\times10^{-8}\,[\text{C}]$ と $5\times10^{-8}\,[\text{C}]$ の電荷を置いた。これらに働く力が $3\times10^{-2}\,[\text{N}]$ であるとき，電荷間の距離を求めなさい。

【4】 $+16\,[\mu\text{C}]$ と $-8\,[\mu\text{C}]$ の2つの点電荷を水中で30 [cm]の距離を離して置いた。
このときの電荷間に働く静電力を求めなさい。また，この静電力は反発力か吸引力かを答えなさい。ただし，水の比誘電率は80とする。

3−2　電界の強さ

重要事項

$$電界の強さ\ E = \frac{1}{4\pi\varepsilon} \times \frac{Q}{r^2} = \frac{1}{4\pi\varepsilon_0\varepsilon_r} \times \frac{Q}{r^2} = 9\times10^9 \times \frac{Q}{\varepsilon_r r^2}\ [\text{V/m}]$$

練習問題

【1】　真空中で6×10^{-6}［C］の点電荷から2［m］離れた点の電界の大きさを求めなさい。

【2】　真空中に5×10^{-6}［C］の点電荷からある距離だけ離れた点の電界の大きさが2×10^4［V/m］であった。ある距離を求めなさい。

【3】　比誘電率2の油の中に置かれた4［μC］の点電荷から3［cm］離れた点の電界の大きさを求めなさい。

【4】　空気中で$+5$［μC］と$+8$［μC］の2つの電荷が2［m］離して置いてあるとき，この両電荷を結ぶ線上の中央の点の電界の強さを求めなさい。

3－3　電界内の静電力・電束密度

重要事項

(1) **電界内の静電力** $F = QE$ [N]　　　　Q [C]：電荷　　　E [V/m]：電界の強さ

(2) **電束密度** $D = \dfrac{Q}{A} = \dfrac{Q}{4\pi r^2}$ [C/m²]

練習問題

【1】　電界の大きさが 200 [V/m] の点に 100 [μC] の電荷を置いたとき，この電荷に働く力を求めなさい。

【2】　電界内に置かれた 5×10^{-5} [C] の電荷に働く力が 1.5×10^{-3} [N] であるとき，電界の大きさを求めなさい。

【3】　20 [m²] の金属表面の中に 0.4 [C] の電荷が蓄えられているときの電束密度を求めなさい。

【4】　半径 1 [m] の金属表面の中に 0.5 [C] の電荷が蓄えられているときの電束密度を求めなさい。

3−4 電 位

(1) $V = El$ [V] $\qquad$ E [V/m] : 電界の大きさ $\qquad$ l [m] : 距離

(2) $V = \dfrac{Q}{4\pi\varepsilon r} = 9\times10^{9}\times\dfrac{Q}{\varepsilon_r\, r}$ [V] $\qquad$ Q [C] : 電荷 $\qquad$ r [m] : 距離

練習問題

【1】 電界の大きさが80 [V/m] の平等電界内で，電界の方向に 4 [cm] の距離だけ離れた 2 点間の電位差を求めなさい。

【2】 空気中において，8 [μC] の点電荷から 2 [m] 離れた点の電位を求めなさい。

【3】 比誘電率 4 の物質中に置かれた12 [μC] の点電荷から 3 [m] 離れた点の電位を求めなさい。

【4】 空気中において，2.7 [μC] の点電荷からある距離だけ離れた点の電位が，81×10^{3} [V] であった。ある距離を求めなさい。

【5】 比誘電率 20 のアルコール中において，ある電荷から 20 [cm] 離れた点の電位が 60×10^{3} [V] であるとき，この電荷を求めなさい。

3-5　静電容量

重要事項 1

(1) $Q = CV$ [C]　　(2) $C = \dfrac{Q}{V}$ [F]　　(3) $V = \dfrac{Q}{C}$ [V]

Q [C]：電荷　　　C [F]：静電容量　　　V [V]：電圧

練習問題

【1】　静電容量が 2×10^{-5} [F]のコンデンサに 100 [V]の電圧を加えるとき，蓄えられる電荷を求めなさい。

【2】　静電容量が 3 [μF]のコンデンサに 50 [V]の電圧を加えるとき，蓄えられる電荷を求めなさい。

【3】　静電容量が 5 [μF]のコンデンサに 100 [mV]の電圧を加えるとき，蓄えられる電荷を求めなさい。

【4】　ある 2 導体間に 200 [V]の電圧を加えると，2.5×10^{-6} [C]の電荷が蓄えられた。この導体の静電容量を求めなさい。

【5】　静電容量 4 [μF]のコンデンサに 8×10^{-4} [C]の電荷を与えるとき，コンデンサの電圧を求めなさい。

重要事項 2

平行板導体の静電容量 $C = \varepsilon \dfrac{A}{l} = \varepsilon_0 \varepsilon_r \dfrac{A}{l} = 8.85 \times 10^{-12} \times \dfrac{\varepsilon_r A}{l}$ [F]

A [m^2]：面積　　　l [m]：距離　　　ε [F/m]：誘電率　　　ε_r：比誘電率

ε_0 [F/m]：真空の誘電率（$= 8.85 \times 10^{-12}$ [F/m]）

練習問題

【1】 面積が 6 [m^2] の 2 枚の金属板が空気中で 10 [cm] の間隔で向かい合っている。この金属板間の静電容量を求めなさい。

【2】 面積が 10 [cm^2] の 2 枚の金属板が空気中で 10 [cm] の間隔で向かい合っている。次の各問に答えなさい。

(1) 10 [cm^2] ＝（　　　　　　　　　　）[m^2]

(2) 金属板間の静電容量を求めなさい。

【3】 電極面積 5 [cm^2]，電極間距離 0.2 [mm] の平行板コンデンサの電極間を比誘電率 4 の物質で満たした。この平行板コンデンサの静電容量を求めなさい。

【4】 直径 20 [cm] の円形の極板をもつ平行板コンデンサの電極間距離が 5 [mm] で，電極間に満たしてある誘電体の比誘電率が 5 であるとき，次の各問に答えなさい。

(1) 円の直径が 20 [cm] のときの面積を求めなさい。

(2) コンデンサの静電容量を求めない。

3-6 合成静電容量

重要事項

(1) 並列接続 $C = C_1 + C_2$ [F]

(2) 直列接続 $C = \dfrac{C_1 \times C_2}{C_1 + C_2}$ [F]

練習問題

【1】 次の図の(1)～(12)の回路の合成静電容量を求めなさい。

(1)

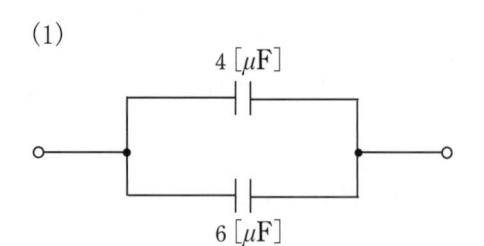

(2)

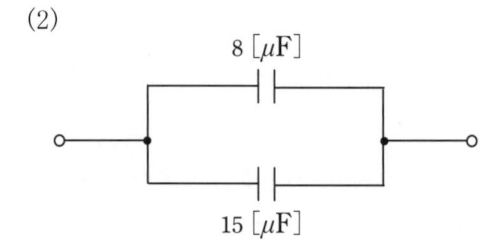

(3)

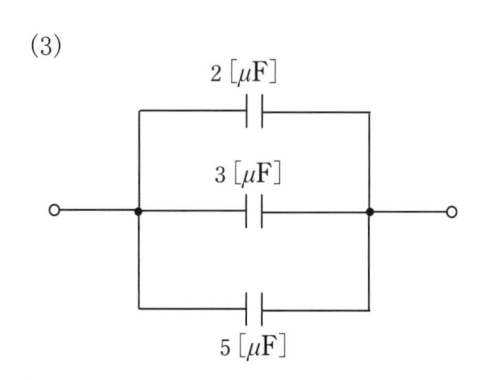

(4)

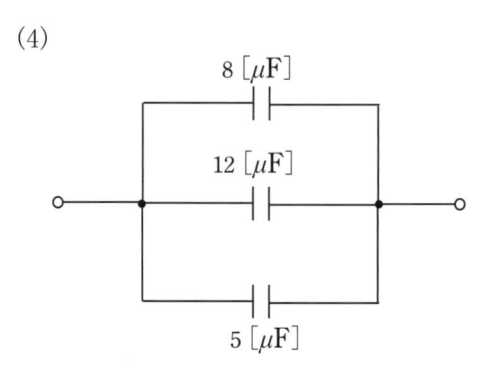

(5)

2 [μF]　3 [μF]

(6)

4 [μF]　2 [μF]　2 [μF]

(7)

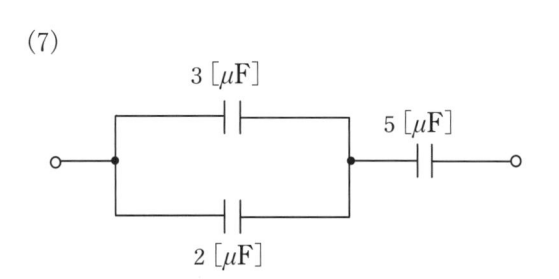

(8)

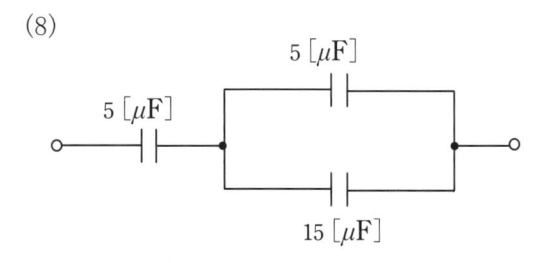

(9)

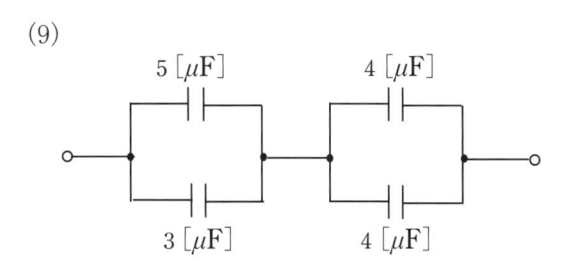

(10)

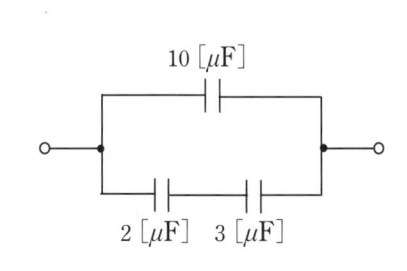

(11)

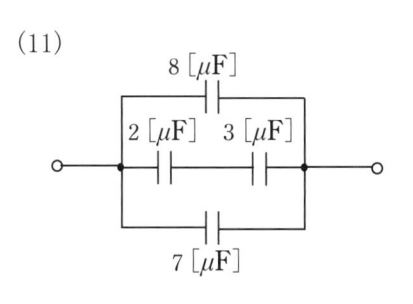

(12)

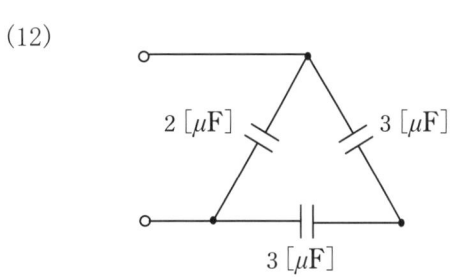

【2】 次の各問に答えなさい。

(1) 5 [μF] のコンデンサを 10 個，直列接続したときの合成静電容量を求めなさい。

(2) 5 [μF] のコンデンサを 10 個，並列接続したときの合成静電容量を求めなさい。

3−7 コンデンサの直列接続・並列接続

重要事項

(1) コンデンサを並列に接続したときの蓄えられる電荷：各コンデンサの電荷を加えた
電荷が蓄えられる。

(2) コンデンサを直列に接続したときの蓄えられる電荷：各コンデンサには等しい
電荷が蓄えられる。

練習問題

【1】 ab 間に 10 [V]の電圧を加えたとき，次の各問に答えなさい。

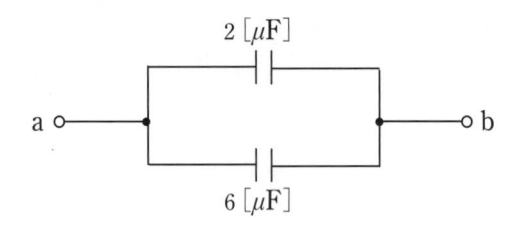

(1) 合成静電容量を求めなさい。

(2) 2 [μF]に蓄えられる電荷を求めなさい。

(3) 6 [μF]に蓄えられる電荷を求めなさい。

(4) 全体に蓄えられる電荷を求めなさい。

【2】 ab 間に 5 [V]の電圧を加えたとき，次の各問に答えなさい。

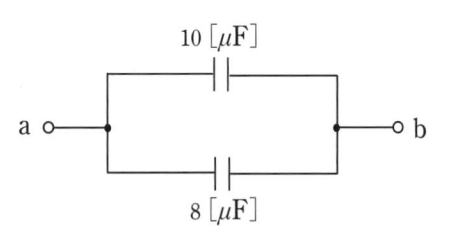

(1) 合成静電容量を求めなさい。

(2) 10 [μF]に蓄えられる電荷を求めなさい。

(3) 8 [μF]に蓄えられる電荷を求めなさい。

(4) 全体に蓄えられる電荷を求めなさい。

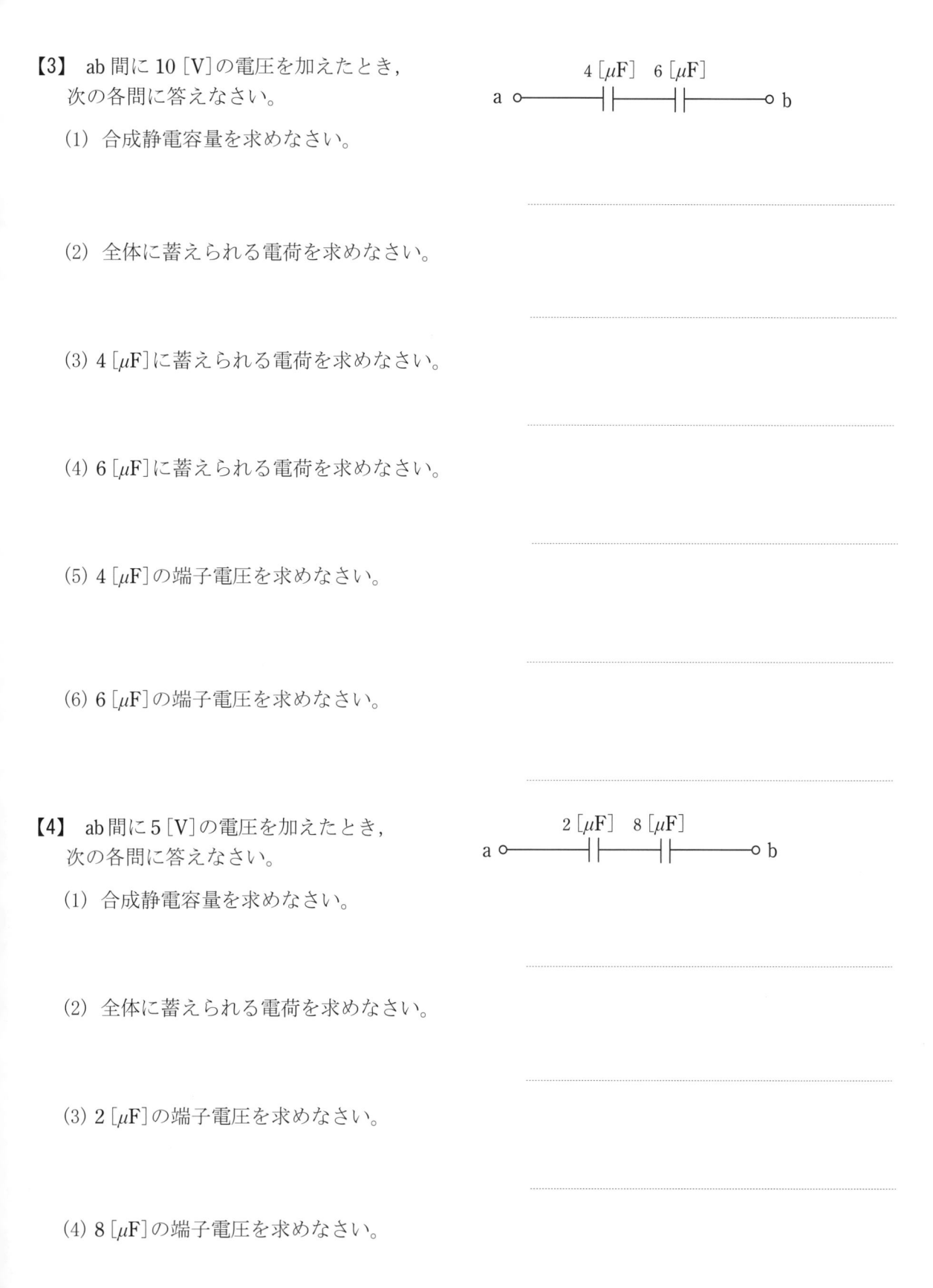

【3】 ab 間に 10 [V] の電圧を加えたとき，
次の各問に答えなさい。

(1) 合成静電容量を求めなさい。

(2) 全体に蓄えられる電荷を求めなさい。

(3) 4 [μF] に蓄えられる電荷を求めなさい。

(4) 6 [μF] に蓄えられる電荷を求めなさい。

(5) 4 [μF] の端子電圧を求めなさい。

(6) 6 [μF] の端子電圧を求めなさい。

【4】 ab 間に 5 [V] の電圧を加えたとき，
次の各問に答えなさい。

(1) 合成静電容量を求めなさい。

(2) 全体に蓄えられる電荷を求めなさい。

(3) 2 [μF] の端子電圧を求めなさい。

(4) 8 [μF] の端子電圧を求めなさい。

【5】 ab 間に 10 [V] の電圧を加えたとき，次の各問に答えなさい。

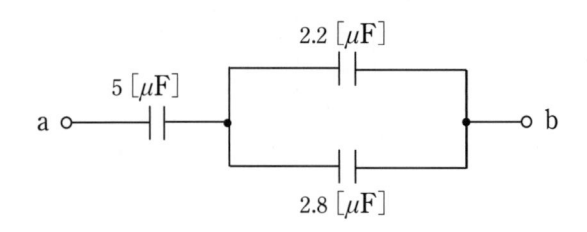

(1) 合成静電容量を求めなさい。

(2) 全体に蓄えられる電荷を求めなさい。

(3) 5 [μF] に蓄えられる電荷を求めなさい。

(4) 5 [μF] の端子電圧を求めなさい。

(5) 2.2 [μF] の端子電圧を求めなさい。

(6) 2.8 [μF] の端子電圧を求めなさい。

(7) 2.2 [μF] に蓄えられる電荷を求めなさい。

(8) 2.8 [μF] に蓄えられる電荷を求めなさい。

【6】 ab 間に 2 [V]の電圧を加えたとき，次の各問に答えなさい。

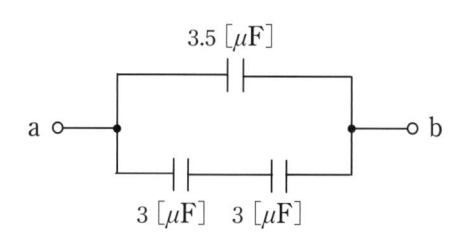

(1) 合成静電容量を求めなさい。

(2) 全体に蓄えられる電荷を求めなさい。

(3) 3.5 [μF]の端子電圧を求めなさい。

(4) 3.5 [μF]に蓄えられる電荷を求めなさい。

(5) 3 [μF]の端子電圧を求めなさい。

(6) 3 [μF]に蓄えられる電荷を求めなさい。

【7】 2 [μF]と C [μF]のコンデンサを直列に接続し，これに50 [V]の電圧を加えたところ， 2 [μF] のコンデンサの電荷が60 [μC]となった。C の値を求めなさい。

3−8　静電エネルギー

$$W = \frac{1}{2}CV^2 = \frac{1}{2}VQ \ [\text{J}]$$

V [V] : 電圧　　　　C [F] : 静電容量　　　　Q [C] : 電荷

練習問題

【1】　2×10^{-6} [F]のコンデンサに 100 [V]の電圧を加えたとき，コンデンサに蓄えられるエネルギーを求めなさい。

【2】　あるコンデンサに100 [V]の電圧を加えたとき，4 [C]の電荷が蓄えられた。コンデンサに蓄えられるエネルギーを求めなさい。

【3】　図の回路において，ab 間のコンデンサに 100 [V]の電圧を加えた。次の各問に答えなさい。

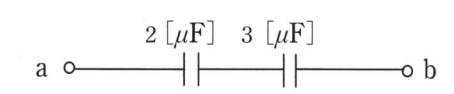

(1)　合成静電容量を求めなさい。

(2) ab間のコンデンサに蓄えられるエネルギーを求めなさい。

(3)　全体に蓄えられる電荷を求めなさい。

(4) 2 [μF]に加わる電圧を求めなさい。

(5) 2 [μF]に蓄えられるエネルギーを求めなさい。

第 4 章

単相交流回路

4−1　周波数と周期

重要事項

$$f = \frac{1}{T}$$

f [Hz]：周波数　　　T [s]：周期

練習問題

【1】　周波数 f が10 [Hz] の交流の周期 T を求めなさい。

【2】　周波数 f が 100 [Hz] の交流の周期 T を求めなさい。

【3】　周波数 f が 10 [kHz] の交流の周期 T を求めなさい。

【4】　周期 T が 0.2 [s] の交流の周波数 f を求めなさい。

【5】　周期 T が 0.1 [ms] の交流の周波数 f を求めなさい。

【6】　次のグラフにおいて，各問に答えなさい。

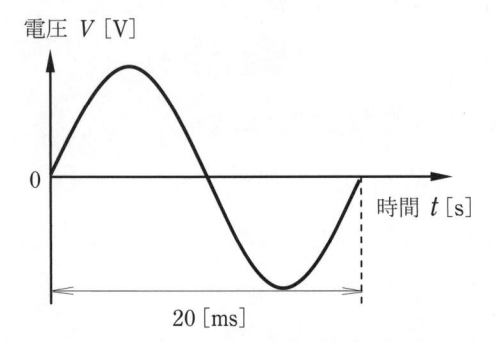

(1) 周期 T を求めなさい。

(2) 周波数 f を求めなさい。

4−2　角周波数・角速度

重要事項

    (1)　**度数法と弧度法**　$180° = \pi \, [\text{rad}]$

    (2)　**角周波数**（角速度）　$\omega = 2\pi f \, [\text{rad/s}]$

練習問題

【1】　次の表の①〜⑩を求めなさい。

度[°]	30	②	60	④	120	⑥	180	⑧	360	⑩
rad	①	$\dfrac{\pi}{4}$	③	$\dfrac{\pi}{2}$	⑤	$\dfrac{3\pi}{4}$	⑦	$\dfrac{3\pi}{2}$	⑨	3π

【2】　周波数 f が $200\,[\text{Hz}]$ のときの角速度（角周波数）を求めなさい。

【3】　角速度（角周波数）ω が 200π のとき，次の各問に答えなさい。

    (1)　周波数 f を求めなさい。

    (2)　周期 T を求めなさい。

【4】　周期 T が $10\,[\text{ms}]$ のとき，次の各問に答えなさい。

    (1)　周波数 f を求めなさい。

    (2)　角速度（角周波数）ω を求めなさい。

4−3 瞬時値

重要事項

瞬時値 $v = V_m \sin \theta = V_m \sin \omega t = V_m \sin 2\pi f t$ [V]

V_m [V]：最大値　　　　位相角：$\theta = \omega t = 2\pi f$ [rad]

練習問題

【1】 最大値 20 [V]，周波数 50 [Hz] の正弦波交流電圧の瞬時値 v を求めなさい。

【2】 最大値 5 [A]，周波数 100 [Hz] の正弦波交流電流の瞬時値 i を求めなさい。

【3】 $v = 10\sin 100\pi t$ [V] の正弦波交流について，次の各問に答えない。

(1) $t = 0$ [ms] のときの v の値を求めなさい。

(2) $t = 2$ [ms] のときの v の値を求めなさい。

(3) $t = 5$ [ms] のときの v の値を求めなさい。

【4】 $v = 100\sin \omega t$ [V] の正弦波交流について，次の各問に答えない。

(1) $\omega t = \dfrac{\pi}{6}$ [rad] のときの v の値を求めなさい。

(2) $\omega t = \dfrac{2\pi}{3}$ [rad] のときの v の値を求めなさい。

【5】 次のグラフにおいて，各問に答えなさい。

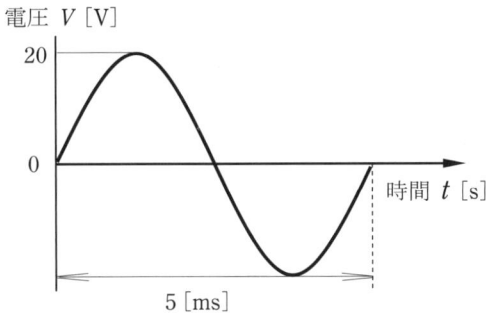

電圧 V [V]

20

0

時間 t [s]

5 [ms]

(1) 周期 T を求めなさい。

(2) 周波数 f を求めなさい。

(3) 角速度(角周波数) ω を求めなさい。

(4) 瞬時値 v を求めなさい。

(5) $t = 1$ [ms]のときの v の値を求めなさい。

(6) $t = 2$ [ms]のときの v の値を求めなさい。

(7) 電圧 v が 20 [V]になるときの時間 t の値をグラフから求めなさい。

(8) 電圧 v が -20 [V]になるときの時間 t の値をグラフから求めなさい。

(9) 電圧 v が 0 [V]になるときの時間 t の値をグラフから求めなさい。

4－4 最大値・実効値・平均値

練習問題

【1】 最大値 $10\sqrt{2}$ [V]の正弦波交流の実効値 V を求めなさい。

【2】 最大値 $5\sqrt{2}$ [A]の正弦波交流の実効値 I を求めなさい。

【3】 最大値 141.4 [V]の正弦波交流の実効値 V を求めなさい。

【4】 実効値 100 [V]の正弦波交流の最大値 V_m を求めなさい。

【5】 実効値 5 [A]の正弦波交流の最大値 I_m を求めなさい。

【6】 最大値が 100 [V]の交流電圧の平均値を求めなさい。

【7】 平均値が 10 [A]の交流電流の最大値を求めなさい。

【8】 次のグラフにおいて，各問に答えなさい。

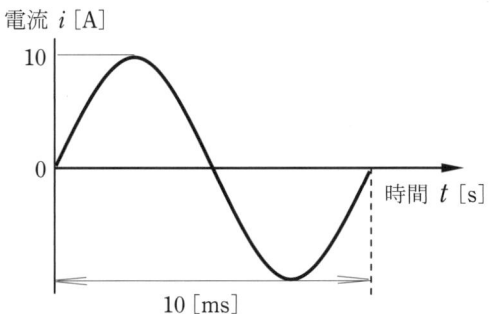

電流 i [A]

10

0

時間 t [s]

10 [ms]

(1) 最大値 I_m を求めなさい。

(2) 実効値 I を求めなさい。

(3) 周波数 f を求めなさい。

(4) 角速度(角周波数) ω を求めなさい。

(5) 瞬時値 i を求めなさい。

【9】 $v = 10\sin100\pi t$ [V]の正弦波交流において，各問に答えなさい。

(1) 実効値 V を求めなさい。

(2) 周波数 f を求めなさい。

(3) 周期 T を求めなさい。

4−5 位 相

重要事項

(1) 瞬時値 $v = E_m \sin \omega t$ [V]

$v = E_m \sin(\omega t + \theta)$ [V]

$v = E_m \sin(\omega t - \theta)$ [V]

(2) 位相角 ωt

$\omega t + \theta$

$\omega t - \theta$

練習問題

【1】 実効値 28.2 [V]，周波数 50 [Hz]，遅れ位相 $\dfrac{\pi}{3}$ [rad]の正弦波交流電圧の瞬時値 v を求めなさい。

【2】 最大値 50 [V]，周波数 50 [Hz]，進み位相 $\dfrac{2\pi}{3}$ [rad]の正弦波交流電流の瞬時値 i を求めなさい。

【3】 $i = 10\sqrt{2}\,\sin\left(\omega t + \dfrac{\pi}{2}\right)$ [A]より位相が $\dfrac{\pi}{4}$ [rad]遅れている正弦波交流電流の瞬時値 i を求めなさい。

【4】 $v = 10\sqrt{2}\,\sin\left(\omega t + \dfrac{\pi}{2}\right)$ [V]より位相が $\dfrac{\pi}{2}$ [rad]遅れている実効値100 [V]の正弦波交流電流の瞬時値 v を求めなさい。

【5】 $v = \sin\left(\omega t + \dfrac{\pi}{4}\right)$ [V] と $i = \sin\omega t$ [A] の位相は，どちらがどれだけ進んでいるかを求めなさい。

【6】 $v = \sin\left(\omega t - \dfrac{\pi}{4}\right)$ [V] と $i = \sin\omega t$ [A] の位相は，どちらがどれだけ遅れているかを求めなさい。

【7】 $v = \sin\omega t$ [V] と $i = \sin\left(\omega t + \dfrac{\pi}{2}\right)$ [A] の位相は，どちらがどれだけ進んでいるかを求めなさい。

【8】 $v = \sin\omega t$ [V] と $i = \sin\left(\omega t - \dfrac{\pi}{2}\right)$ [A] の位相は，どちらがどれだけ進んでいるかを求めなさい。

【9】 $v = 30\sin\left(\omega t - \dfrac{\pi}{6}\right)$ [V] と $i = 10\sin\left(\omega t + \dfrac{\pi}{3}\right)$ [A] の位相は，どちらがどれだけ進んでいるかを求めなさい。

【10】 $i_1 = 20\sin\left(\omega t - \dfrac{\pi}{2}\right)$ [A] と $i_2 = 10\sin\left(\omega t - \dfrac{\pi}{4}\right)$ [A] の位相は，どちらがどれだけ遅れているかを求めなさい。

4−6 ベクトルの演算

重要事項

ベクトルを成分で表したときの演算

(1) ベクトルの和　　　$\dot{A}=(a_1 , b_1)$　　　$\dot{B}=(a_2 , b_2)$

$\dot{A}+\dot{B}=(a_1 , b_1)+(a_2 , b_2)=(a_1+a_2 , b_1+b_2)$

(2) ベクトルの実数倍　　　$\dot{A}=(a , b)$

$m\dot{A}=m(a , b)=(ma , mb)$

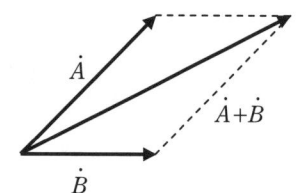

練習問題

【1】　2つのベクトル$\dot{A}$と$\dot{B}$が次のように表わされている。和$\dot{A}+\dot{B}$を図示しなさい。

(1)

(2)

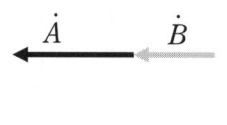

(3)

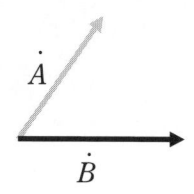

(4)

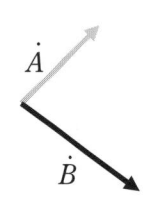

(5)

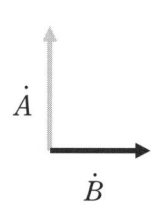

(6)

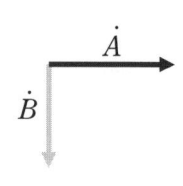

【2】　3つのベクトル$\dot{A}$と$\dot{B}$と$\dot{C}$が次のように表わされている。和$\dot{A}+\dot{B}+\dot{C}$を図示しなさい。

(1)

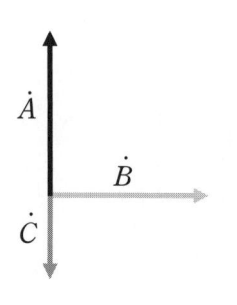

(2)

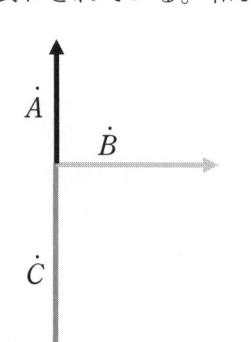

(3)

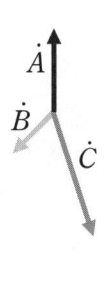

【3】 次の⑦～⑦のベクトルを成分で表しなさい。

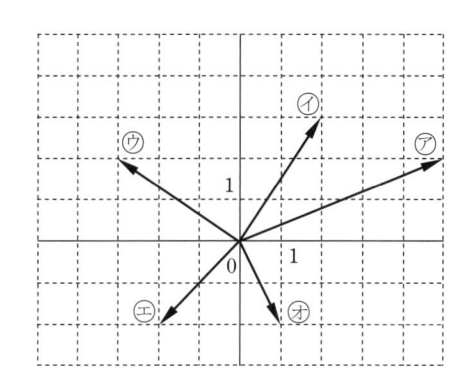

⑦ _____

⑦ _____

⑦ _____

⑦ _____

⑦ _____

【4】 次の各問に答えなさい。

(1) $\dot{A}=(1 , 2)$, $\dot{B}=(3 , 4)$ のとき，$\dot{A}+\dot{B}$ を成分で表しなさい。

(2) $\dot{A}=(5 , 2)$, $\dot{B}=(3 , 1)$ のとき，$\dot{A}+\dot{B}$ を成分で表しなさい。

(3) $\dot{A}=(3 , 5)$ のとき，$3\dot{A}$ を成分で表しなさい。

(4) $\dot{A}=(3 , 5)$ のとき，$0\dot{A}$ を成分で表しなさい。

(5) $\dot{A}=(1 , 2)$, $\dot{B}=(2 , 3)$ のとき，$2\dot{A}+3\dot{B}$ を成分で表しなさい。

4-7 ベクトルの極座標表示

(1) ベクトルの直交座標表示

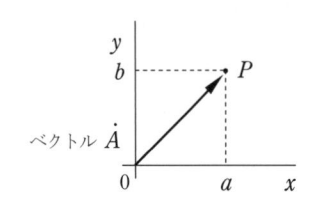

$$\dot{A} = (a , b)$$

(2) ベクトルの極座標表示

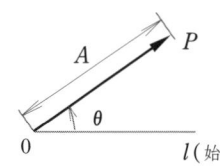

A : ベクトルの大きさ

θ : 偏角

$$\dot{A} = A \angle \theta \qquad A = \sqrt{a^2 + b^2} \qquad \theta = \tan^{-1}\frac{b}{a}$$

練習問題

【1】 次の問に答えなさい。

(1) ベクトル$\dot{A} = (1 , \sqrt{3})$を極座標表示で表しなさい。

(2) ベクトル$\dot{A} = (\sqrt{3} , 1)$を極座標表示で表しなさい。

(3) ベクトル$\dot{A} = (2 , 2)$を極座標表示で表しなさい。

(4) ベクトル$\dot{A} = (-3 , 3)$を極座標表示で表しなさい。

4−8　瞬時値と極座標表示

重要事項

(1) $v = E_m \sin \omega t$ [V]（E_m [V]：最大値）　　(2) $E = E \angle \theta$ [V]（E [V]：実効値）

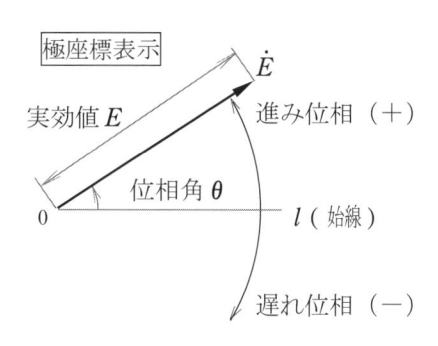

極座標表示

実効値 E

$\dot{E}$

進み位相（＋）

位相角 θ

0　　　　　　　　　　l（始線）

遅れ位相（−）

練習問題

【1】　次の瞬時値をベクトルの極座標表示で表しなさい。

(1) $e = 200\sqrt{2}\sin \omega t$ [V]

(2) $i = 7\sqrt{2}\sin\left(\omega t + \dfrac{\pi}{6}\right)$ [A]

(3) $e = 28.2\sin\left(\omega t - \dfrac{\pi}{2}\right)$ [V]

(4) $i = 24\sin\left(\omega t - \dfrac{\pi}{3}\right)$ [A]

(5) $e = 8\sin\left(\omega t + \dfrac{3\pi}{2}\right)$ [V]

【2】 次のベクトルを瞬時値で書きなさい。

(1) $\dot{I} = 10 \angle 30°$ [A]

....

(2) $\dot{E} = 300 \angle -60°$ [V]

....

(3) $\dot{I} = 5 \angle \dfrac{\pi}{3}$ [A]

....

(4) $\dot{V} = 120 \angle -\dfrac{\pi}{2}$ [V]

....

【3】 次の正弦波交流電圧のベクトル図を描きなさい。

(1) $v_1 = 100\sqrt{2}\sin\omega t$ [V]

(2) $v_2 = 120\sqrt{2}\sin(\omega t + 60°)$ [V]

(3) $v_3 = 120\sqrt{2}\sin(\omega t - 30°)$ [V]

(4) $v_4 = 80\sin\left(\omega t - \dfrac{2\pi}{3}\right)$ [V]

(5) $v_5 = 60\sin\left(\omega t - \dfrac{\pi}{4}\right)$ [V]

【4】 次のベクトル図より，正弦波交流電圧および電流の瞬時値を書きなさい。

(1) $i_1 = $ ....

(2) $i_2 = $ ....

(3) $e = $ ....

(4) $v = $ ....

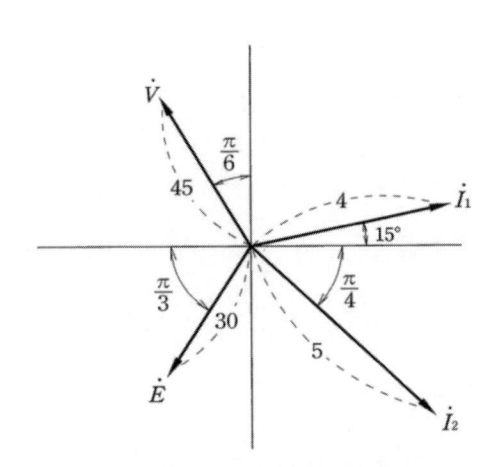

4−9 R, L, C 交流回路

重要事項

（1）誘導性リアクタンス $X_L = \omega L = 2\pi f L$ [Ω]

（2）容量性リアクタンス $X_C = \dfrac{1}{\omega C} = \dfrac{1}{2\pi f C}$ [Ω]

$$I = \frac{V}{R} \text{ [A]} \qquad I = \frac{V}{X_L} = \frac{V}{\omega L} = \frac{V}{2\pi f L} \text{ [A]} \qquad I = \frac{V}{X_C} = \omega C V = 2\pi f C V \text{ [A]}$$

練習問題

【1】 図の回路において，正弦波交流電圧が 20 [V]のとき，電流が 5 [A] 流れた。このときの抵抗 [Ω]を求めなさい。

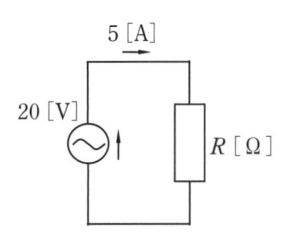

【2】 抵抗 2 [kΩ] に加わる正弦波交流電圧が 50 [V]のとき，流れる電流 [mA]を求めなさい。

【3】 10 [Ω] の抵抗に正弦波交流電流が 5 [mA] が流れた。このときの電圧 [mV]を求めなさい。

【4】 10 [mH]の自己インダクタンスに 50 [Hz] の交流を加えたときの誘導性リアクタンス X_L は何 [Ω]になるかを求めなさい。

【5】 10 [mH]の自己インダクタンスに周波数 1 [kHz]を加えたときの誘導性リアクタンス X_L は何 [Ω]になるかを求めなさい。

【6】 あるコイルに500 [Hz]の交流を加えたときに,誘導性リアクタンスX_Lが6.29 [Ω]となった。自己インダクタンスLは何[mH]になるかを求めなさい。

【7】 図の回路において,自己インダクタンスが63.7 [mH]のコイルに 100 [V], 25 [Hz]の正弦波交流電圧を加えたときの誘導性リアクタンスX_Lは何[Ω]になるかを求めなさい。
また,このときの電流Iの大きさは何[A]になるかを求めなさい。

【8】 60 [Hz]の周波数のとき, 20 [Ω]の誘導性リアクタンスがある。6 [kHz]のときの誘導性リアクタンスX_Lは何[Ω]になるかを求めなさい。

【9】 静電容量100 [μF]のコンデンサに50 [Hz]の周波数の交流を加えたとき,容量性リアクタンスX_Cは何[Ω]になるかを求めなさい。

【10】 静電容量が15.9 [μF]のコンデンサに50 [V], 1 [kHz]の正弦波交流電圧を加えたときの容量性リアクタンスX_Cは何 [Ω] になるかを求めなさい。また,このときの電流Iの大きさは何 [A]になるかを求めなさい。

【11】 50 [Hz]の周波数のとき, 20 [Ω]の容量性リアクタンスがある。2 [kHz]のときの容量性リアクタンスX_Cは何 [Ω] になるかを求めなさい。

4−10 R, L, C 直列回路

重要事項

(1) インピーダンス $Z=\sqrt{R^2+X_L^2}\,[\Omega]$ $\quad Z=\sqrt{R^2+X_C^2}\,[\Omega]$ $\quad Z=\sqrt{R^2+(X_L-X_C)^2}\,[\Omega]$

(2) 位相差 $\quad\quad\quad \theta=\tan^{-1}\dfrac{X_L}{R}$ $\quad \theta=\tan^{-1}\dfrac{X_C}{R}$ $\quad \theta=\tan^{-1}\dfrac{|X_L-X_C|}{R}$

練習問題

【1】 図の回路において，40 [Ω]の抵抗と30 [Ω]の誘導性リアクタンスをもつコイルを直列に接続したとき，回路のインピーダンスを求めなさい。

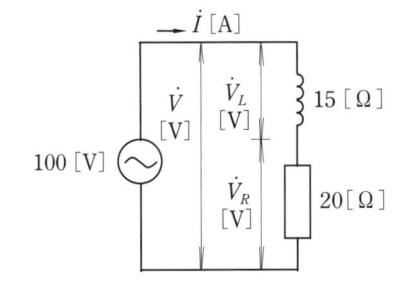

$R=40\,[\Omega]\quad X_L=30\,[\Omega]$

【2】 図の回路において，20 [Ω]の抵抗と15 [Ω]の誘導性リアクタンスの直列回路に100 [V]の交流電圧を加えた。次の各問に答えなさい。

(1) インピーダンス Z を求めなさい。

(2) 回路に流れる電流 I を求めなさい。

(3) 電圧 V_R を求めなさい。

(4) 電圧 V_L を求めなさい。

(5) インピーダンス角 $\theta\,[\mathrm{rad}]$（および$[°\ ]$）を求めなさい。

(6) 電流 $\dot{I}$ を基準にして $\dot{V}_R$，$\dot{V}_L$ および $\dot{V}$ のベクトル図を描きなさい。

【3】 40〔Ω〕の抵抗と40〔Ω〕の誘導性リアクタンスの直列回路に100〔V〕の交流電圧を加えた。次の各問に答えなさい。

(1) インピーダンス Z を求めなさい。

(2) 回路に流れる電流 I を求めなさい。

(3) 抵抗に加わる電圧 V_R 求めなさい。

(4) コイルに加わる電圧 V_L を求めなさい。

(5) インピーダンス角 θ〔rad〕(および〔°〕)を求めなさい。

(6) 電流 $\dot{I}$ を基準にして $\dot{V}_R$, $\dot{V}_L$ および $\dot{V}$ のベクトル図を描きなさい。

【4】 抵抗20〔Ω〕と誘導性リアクタンス15〔Ω〕の直列回路に10〔A〕の電流が流れたとき，次の各問に答えなさい。

(1) インピーダンスを求めなさい。

(2) 回路に加えた電圧を求めなさい。

【5】 図の回路において，20〔Ω〕の抵抗と自己インダクタンス0.04〔H〕の直列回路に200〔V〕，50〔Hz〕の交流電圧を加えた。次の各問に答えなさい。

$R=20$〔Ω〕　　$L=0.04$〔H〕

(1) 誘導性インダクタンスを求めなさい。

(2) インピーダンスを求めなさい。

(3) 流れる電流を求めなさい。

【6】 図の回路において，RL 直列回路に 50 [Hz] の周波数の交流を加えた。次の各問に答えなさい。

(1) 誘導性リアクタンス X_L を求めなさい。

(2) インピーダンスを Z 求めなさい。

(3) 回路に流れる電流 I を求めなさい。

(4) 端子電圧 V_R 求めなさい。

(5) 端子電圧 V_L を求めなさい。

(6) インピーダンス角 θ [rad]（および[°]）を求めなさい。

【7】 図の回路において，20 [Ω] の抵抗と30 [Ω] の容量性リアクタンスをもつコンデンサを直列に接続したとき，回路のインピーダンスを求めなさい。

【8】 図の回路において，16 [Ω]の抵抗と12 [Ω]の容量性リアクタンスの直列回路に100 [V]の交流電圧を加えた。次の各問に答えなさい。

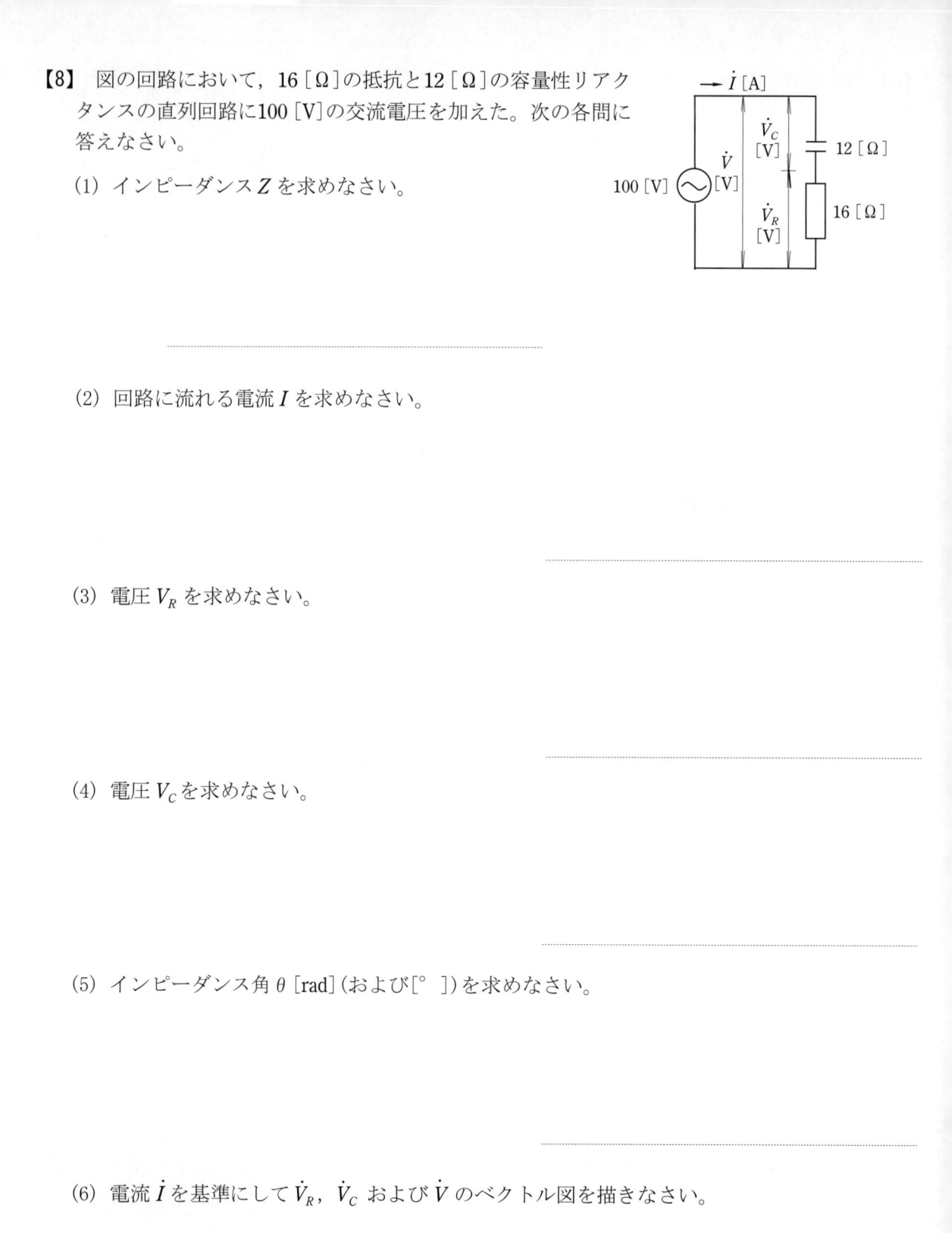

(1) インピーダンス Z を求めなさい。

......

(2) 回路に流れる電流 I を求めなさい。

......

(3) 電圧 V_R を求めなさい。

......

(4) 電圧 V_C を求めなさい。

......

(5) インピーダンス角 θ [rad]（および[°]）を求めなさい。

......

(6) 電流 $\dot{I}$ を基準にして $\dot{V}_R$，$\dot{V}_C$ および $\dot{V}$ のベクトル図を描きなさい。

【9】 100 [Ω]の抵抗と30 [μF]の静電容量の直列回路に，100 [V]，50 [Hz]の交流電圧を加えた。次の各問に答えなさい。

(1) 容量性リアクタンスを求めなさい。

(2) インピーダンスを求めなさい。

(3) 流れる電流を求めなさい。

(4) インピーダンス角 θ [rad]（および [°]）を求めなさい。

【10】 図の回路において，40 [Ω]の抵抗と80 [Ω]の誘導性リアクタンスをもつコイルと50 [Ω]の容量性リアクタンスをもつコンデンサを直列に接続したとき，回路のインピーダンスを求めなさい。

$R = 40$ [Ω]　　　$X_C = 50$ [Ω]

$X_L = 80$ [Ω]

【11】 抵抗40 [Ω]，誘導性リアクタンス80 [Ω]，容量性リアクタンス60 [Ω]の直列回路に100 [V]の交流電圧を加えた。次の各問に答えなさい。

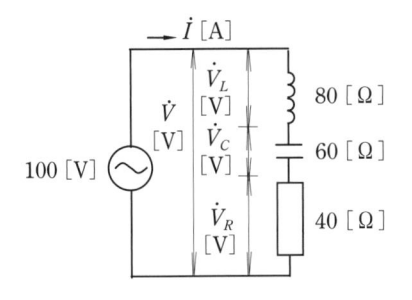

(1) インピーダンス Z を求めなさい。

(2) 回路に流れる電流 I を求めなさい。

(3) インピーダンス角 θ [rad]（および [°]）を求めなさい。

(4) 電流 $\dot{I}$ を基準にして $\dot{V}_R$，$\dot{V}_L$，$\dot{V}_C$ および $\dot{V}$ のベクトル図を描きなさい。

【12】 抵抗が 30 [Ω]，自己インダクタンスが 200 [mH]，静電容量が 200 [μF] の直列回路に，50 [Hz]，200 [V] の交流電圧を加えた。次の各問に答えなさい。

(1) 誘導性リアクタンス X_L を求めなさい。

(2) 容量性リアクタンス X_C を求めなさい。

(3) インピーダンス Z を求めなさい。

(4) 電流 I を求めなさい。

(5) インピーダンス角 θ [rad]（および [°]）を求めなさい。

(6) 電流 $\dot{I}$ を基準にして $\dot{V}_R$，$\dot{V}_L$，$\dot{V}_C$ および $\dot{V}$ のベクトル図を描きなさい。

【13】 図の回路において直列回路に 200 [V] の交流電圧を加えた。次の各問に答えなさい。

(1) インピーダンスを求めなさい。

(2) 回路に流れる電流を求めなさい。

4−11 R, L, C 並列回路

重要事項

(1) RL 並列回路

$$Z = \frac{1}{\sqrt{\left(\dfrac{1}{R}\right)^2 + \left(\dfrac{1}{\omega L}\right)^2}} \ [\Omega]$$

$$\theta = \tan^{-1}\frac{I_L}{I_R} = \tan^{-1}\frac{R}{\omega L}$$

(2) RC 並列回路

$$Z = \frac{1}{\sqrt{\left(\dfrac{1}{R}\right)^2 + (\omega C)^2}} \ [\Omega]$$

$$\theta = \tan^{-1}\frac{I_C}{I_R} = \tan^{-1}\omega CR$$

(3) RLC 並列回路

$$Z = \frac{1}{\sqrt{\left(\dfrac{1}{R}\right)^2 + \left(\omega C - \dfrac{1}{\omega L}\right)^2}} \ [\Omega]$$

$$\theta = \tan^{-1}\left|\omega C - \frac{1}{\omega L}\right| R$$

練習問題

【1】 4[Ω]の抵抗と3[Ω]の誘導性リアクタンスが並列に接続された回路のインピーダンスを求めなさい。

【2】 図の回路において，6[Ω]の抵抗と8[Ω]の誘導性リアクタンスを並列に接続して，240[V]の交流電圧を加えた。次の各問に答えなさい。

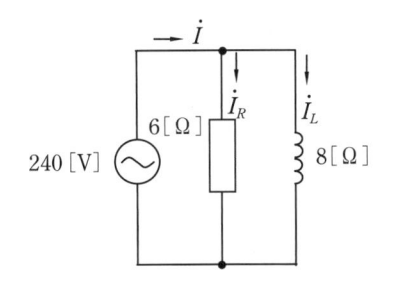

(1) インピーダンス Z を求めなさい。

(2) 電流 I_R を求めなさい。

(3) 電流 I_L を求めなさい。

(4) 全電流 I を求めなさい。

(5) 電圧と全電流の位相差 θ [rad]（および[°]）を求めなさい。

(6) 電圧を基準として各電流のベクトル図を描きなさい。

【3】 6[Ω]の抵抗と8[Ω]の容量性リアクタンスが並列に接続された回路のインピーダンスを求めなさい。

【4】 図の回路において，20[Ω]の抵抗と25[Ω]の容量性リアクタンスを並列に接続して，100[V]の交流電圧を加えた。次の各問に答えなさい。

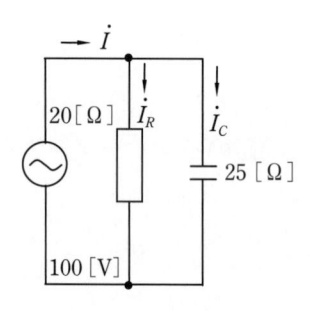

(1) 電流 I_R を求めなさい。

(2) 電流 I_C を求めなさい。

(3) 電流 I を求めなさい。

【5】 40 [Ω]の抵抗と30 [Ω]の容量性リアクタンスを並列に接続して，480 [V]の交流電圧を加えた。次の各問に答えなさい。

(1) インピーダンスをZ求めなさい。

(2) 電流をI_R求めなさい。

(3) 電流をI_C求めなさい。

(4) 全電流Iを求めなさい。

(5) 電圧と全電流の位相差 [rad]（および[°]）を求めなさい。

(6) 電圧を基準として，各電流のベクトル図を描きなさい。

【6】 16 [Ω]の抵抗と40 [Ω]の誘導性リアクタンスと20 [Ω]の容量性リアクタンスが並列に接続された回路のインピーダンスを求めなさい。

【7】 図の回路において，$I_R = 8$ [A]，$I_L = 12$ [A]，$I_C = 6$ [A]のとき，全電流Iを求めなさい。

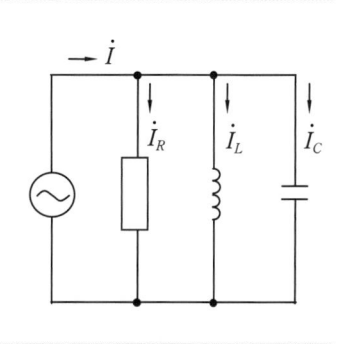

4−12　単相交流電力

(1) 有効電力　$P = VI\cos\theta = I^2 R\cos\theta = \dfrac{V^2}{R}\cos\theta \ [\mathrm{W}]$

(2) 皮相電力　$S = VI\ [\mathrm{VA}]$

(3) 無効電力　$Q = VI\sin\theta = S\sin\theta\ [\mathrm{Var}]$　　　　　$S^2 = P^2 + Q^2$

　　　　　　　　　　　　　　　　　　　　　　　$(P = S\cos\theta\ [\mathrm{W}]　Q = S\sin\theta\ [\mathrm{Var}])$

(4) 力　率　　$\cos\theta = \dfrac{R}{Z} = \dfrac{P}{S}$

(5) 無効率　　$\sin\theta = \dfrac{X}{Z} = \dfrac{Q}{S}$　　　　　　　　$\sin^2\theta + \cos^2\theta = 1$

練習問題

【1】　50 [Ω]の抵抗に電流が 2 [A]の交流が流れているときの消費電力を求めなさい。

【2】　20 [Ω]の抵抗に100 [V]の交流電圧を加えたときの消費電力を求めなさい。

【3】　ある負荷に100 [V]の交流電圧を加えると，40 [A]の電流が流れた。このときの負荷の力率が 0.8 であった。消費電力を求めなさい。

【4】　単相小形電動機に200 [V]の電圧を加えると，5 [A]の電流が流れた。
　　このときの力率が 55 [%]であった。次の各問に答えなさい。

(1) 力率55 [%]を小数で表しない。　　　　　55 [%]＝ [　　　　　　　]

(2) この電動機の消費電力を求めなさい。

【5】　ある回路に200 [V]の交流電圧を加えると，4 [A]で60° 遅れた電流が流れた。この回路の消費電力を求めなさい。

【6】　消費電力が600 [kW]の負荷に流れる電流が300 [A]，力率が0.8 であった。加えられた電圧を求めなさい。

【7】　600 [W]の電力を消費する負荷に200 [V]の電圧を加えると4 [A]の電流が流れた。この負荷の力率を求めなさい。

【8】　ある回路に200 [V]の電圧を加えると，8 [A]の電流が流れた。この回路の皮相電力を求めなさい。

【9】　15 [Ω]の抵抗に150 [V]の交流電圧を加えたときの皮相電力を求めなさい。

【10】　有効電力3000 [W]，力率が 0.5 のとき，皮相電力を求めなさい。

【11】　ある回路の皮相電力が 1.5 [kVA]，有効電力が 900 [W]であるとき，この回路の力率は何 [%]であるかを求めなさい。

【12】 ある負荷に 100 [V] の交流電力を加えると，30 [A] の電流が流れた。このときの負荷の力率が 0.8 であった。次の各問に答えなさい。

(1) 有効電力を求めなさい。

(2) 無効率を求めなさい。

(3) 無効電力を求めなさい。

【13】 消費電力 960 [W]，無効電力 720 [Var] の負荷がある。次の問に答えなさい。

(1) 皮相電力を求めなさい。

(2) 力率を求めなさい。

【14】 抵抗 60 [Ω]，誘導性リアクタンス 80 [Ω] のコイルに 200 [V] の交流電圧を加えるとき，次の各問に答えなさい。

(1) インピーダンスを求めなさい。

(2) 力率を求めなさい。

(3) 無効率を求めなさい。

(4) 皮相電力を求めなさい。

(5) 消費電力を求めなさい。

(6) 無効電力を求めなさい。

【15】 抵抗 $25 [\Omega]$，自己インダクタンス $40 [mH]$，静電容量 $120 [\mu F]$ の直列回路に $50 [Hz]$，$200 [V]$ の交流電圧を加えた。次の各問に答えなさい。

(1) 誘導性リアクタンスを求めなさい。

(2) 容量性リアクタンスを求めなさい。

(3) インピーダンスを求めなさい。

(4) 力率を求めなさい。

(5) 無効率を求めなさい。

(6) 回路に流れる電流を求めなさい。

(7) 有効電力を求めなさい。

(8) 無効電力を求めなさい。

【16】 単相 $200 [V]$ の回路に力率 $80 [\%]$ の電気機器を接続したところ，$4 [A]$ の電流が流れた。この電気機器を毎日 4 時間ずつ 30 日間使用したときの使用電力量 $[kWh]$ を求めなさい。

第 5 章

記号法による交流回路

5−1 複素数

重要事項

$$\dot{A} = a + jb = A(\cos\theta + j\sin\theta) = A\angle\theta$$

$$A = \sqrt{a^2 + b^2} \qquad \theta = \tan^{-1}\frac{b}{a}$$

練習問題

【1】 次の計算をしなさい。

(1) $j^3 =$

(2) $j^2 + j =$

(3) $(3+j4) + (5+j6) =$

(4) $(4+j3) + (-2+j6) =$

(5) $(-2-j8) + (5+j3) =$

(6) $(2+j3) + (-8+j2) =$

(7) $(6+j8) - (2+j4) =$

(8) $(5-j6) - (-6+j3) =$

(9) $(9-j5) - (6-j2) =$

(10) $(6-j5) - (-8-j2) =$

(11) $(3+j2)(2-j) =$

(12) $(2-j4)(-3+j4) =$

(13) $(4+j5)(4-j5) =$

(14) $(1-j2)(-3-j2) =$

(15) $\dfrac{3+j5}{2+j3} =$

(16) $\dfrac{2-j3}{6-j8} =$

(17) $\dfrac{4+j3}{4-j3} =$

(18) $\dfrac{-3-j5}{-2-j2} =$

【2】 次の複素数をベクトル図で表しなさい。
（同一座標上に記すこと）

(1) $\dot{A} = 4+j3$

(2) $\dot{B} = -2+j4$

(3) $\dot{C} = 3-j2$

(4) $\dot{D} = -3-j4$

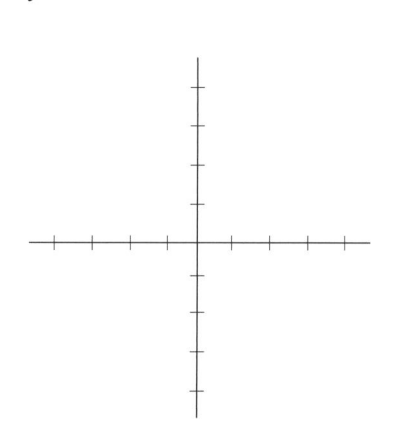

【3】 次の複素数を極座標表示で表わしなさい。

(1) $\dot{A} = 2 + j4$

(2) $\dot{B} = -30 + j40$

(3) $\dot{C} = -12 - j16$

(4) $\dot{D} = 36 - j48$

【4】 次の極座標表示を直角座標表示で表しなさい。

(1) $\dot{A} = 100 \angle \dfrac{\pi}{4}$

(2) $\dot{B} = 50 \angle -\dfrac{\pi}{6}$

(3) $\dot{C} = 60 \angle \dfrac{\pi}{3}$

(4) $\dot{D} = 60 \angle -\dfrac{4\pi}{3}$

(5) $\dot{E} = 200 \angle \dfrac{2\pi}{3}$

(6) $\dot{F} = 100 \angle \pi$

【5】 次の計算を行ない，結果を直角座標表示で表しなさい。

(1) $5 \angle 30° \times 4 \angle 15° =$

(2) $(4 \angle \dfrac{\pi}{6}) \times (6 \angle \dfrac{\pi}{3}) =$

(3) $10 \angle 30° \div 5 \angle 60° =$

(4) $5 \angle 20° \div 10 \angle -10° =$

5−2 交流基本回路 (1)

重要事項

(1) インピーダンス $\dot{Z}=j\omega L=jX_L\,[\Omega]$　　　　(2) $\dot{Z}=\dfrac{1}{j\omega C}=-jX_C\,[\Omega]$

(3) $\dot{V}=a+jb=V(\cos\theta+j\sin\theta)=V\angle\theta\,[\mathrm{V}]$　　　(4) $V=\sqrt{a^2+b^2}\,[\mathrm{V}]$　　　(5) $\theta=\tan^{-1}\dfrac{b}{a}$

練習問題

【1】 次の各問に答えなさい。

(1) 抵抗 20 [Ω]を極座標表示で表しなさい。

_____ [Ω]

(2) 抵抗 20 [Ω]を直角座標表示で表しなさい。

_____ [Ω]

(3) 誘導性リアクタンス40 [Ω]を極座標表示で表しなさい。

_____ [Ω]

(4) 誘導性リアクタンス40 [Ω]を直角座標表示で表しなさい。

_____ [Ω]

(5) 容量性リアクタンス50 [Ω]を極座標表示で表しなさい。

_____ [Ω]

(6) 容量性リアクタンス50 [Ω]を直角座標表示で表しなさい。

_____ [Ω]

【2】 次の記号法で表された量を極座標表示に直しなさい。

(1) $\dot{V}=24+j32\,[\mathrm{V}]$　　　　　　　(2) $\dot{I}=12-j16\,[\mathrm{A}]$

(3) $\dot{V}=-80+j60\,[\mathrm{V}]$　　　　　　　(4) $\dot{I}=100\left(-\dfrac{1}{2}-j\dfrac{\sqrt{3}}{2}\right)[\mathrm{A}]$

【3】 次の極座標表示を直角座標表示に直しなさい。

(1) $\dot{I} = 5 \angle 150°$ [A]

(2) $\dot{V} = 100 \angle \dfrac{\pi}{3}$ [V]

(3) $\dot{I} = 50 \angle -\dfrac{\pi}{6}$ [A]

(4) $\dot{V} = 200 \angle -\dfrac{2\pi}{3}$ [V]

【4】 次の正弦波交流電圧および電流を記号法で表しなさい。

(1) $v = 100\sqrt{2}\sin\left(\omega t + \dfrac{\pi}{3}\right)$ [V]

(2) $i = 50\sqrt{2}\sin\left(\omega t - \dfrac{\pi}{4}\right)$ [A]

(3) $e = 50\sqrt{2}\sin\left(\omega t + 30°\right)$ [V]

(4) $i = 10\sqrt{2}\sin\left(\omega t - \dfrac{\pi}{6}\right)$ [A]

【5】 次の複素数を正弦波交流の瞬時値で表しなさい。

(1) $\dot{E} = 40 + j30$ [V]

(2) $\dot{V} = 160 - j120$ [V]

(3) $\dot{I} = -10 - j10\sqrt{3}$ [A]

(4) $\dot{V} = 60 - j80$ [V]

【6】 図のようなベクトルで表される電圧・電流を直角座標表示で表しなさい。

(1) $\dot{I}_1 =$

(2) $\dot{I}_2 =$

(3) $\dot{V} =$

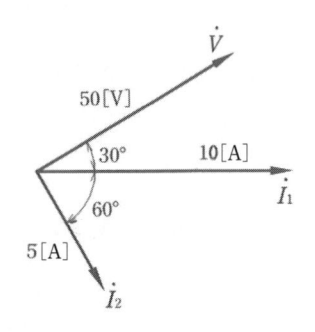

重要事項

合成インピーダンス

(1) 直列接続　$\dot{Z}=R+j\left(\omega L - \dfrac{1}{\omega C}\right)=R+j(X_L - X_C)\,[\Omega]$

(2) 並列接続　$\dot{Z}=\dfrac{1}{\dfrac{1}{R}+j\left(\omega C - \dfrac{1}{\omega L}\right)}\,[\Omega]$

練習問題

【1】　抵抗 3 [Ω]，誘導性リアクタンス 4 [Ω] の直列回路のインピーダンスを記号法で表しなさい。また，その大きさを求めなさい。

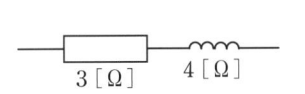

3 [Ω]　　4 [Ω]

【2】　抵抗 2 [Ω]，容量性リアクタンス 4 [Ω] の直列回路のインピーダンスを記号法で表しなさい。また，その大きさを求めなさい。

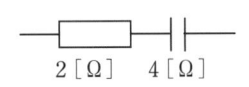

2 [Ω]　　4 [Ω]

【3】　抵抗 5 [Ω]，誘導性リアクタンス 8 [Ω]，容量性リアクタンス 2 [Ω] の直列回路のインピーダンスを記号法で表しなさい。また，その大きさを求めなさい。

【4】 $\dot{Z}_1 = 3 + j6\,[\Omega]$, $\dot{Z}_2 = 9 + j5\,[\Omega]$, $\dot{Z}_3 = 6 + j3\,[\Omega]$ の直列回路の合成インピーダンスを記号法で表しなさい。また，その大きさを求めなさい。

【5】 抵抗 $\dfrac{1}{2}\,[\Omega]$ と誘導性リアクタンス $\dfrac{1}{3}\,[\Omega]$ 並列回路の合成インピーダンスを記号法で表しなさい。また，その大きさを求めなさい。

【6】 $\dot{Z}_1 = 5 + j12\,[\Omega]$, $\dot{Z}_2 = 3 - j5\,[\Omega]$, の並列回路の合成インピーダンスを記号法で表しなさい。また，その大きさを求めなさい。

【7】 抵抗 $50\,[\Omega]$, 誘導性リアクタンス $10\,[\Omega]$, 容量性リアクタンス $5\,[\Omega]$ の並列回路の合成インピーダンスを記号法で表しなさい。また，その大きさを求めなさい。

【8】 図の回路において，$\dot{Z}_1=1+j2\,[\Omega]$，
$\dot{Z}_2=2-j\,[\Omega]$，$\dot{Z}_3=2+j\,[\Omega]$ のとき，
合成インピーダンスを記号法で表しなさい。

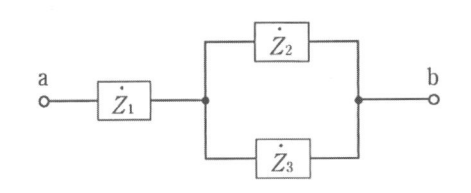

【9】 図の回路において，$\dot{Z}_1=1+j2\,[\Omega]$，
$\dot{Z}_2=2-j\,[\Omega]$，$\dot{Z}_3=3-j\,[\Omega]$，
$\dot{Z}_4=3+j\,[\Omega]$ のとき，合成インピー
ダンスを記号法で表しなさい。

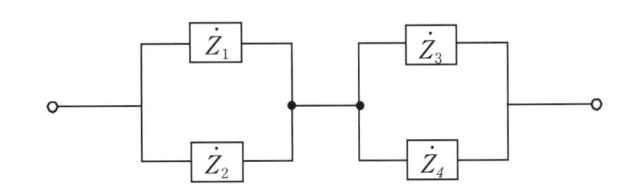

【10】 次の式のような電圧 $\dot{V}$，電流 $\dot{I}$ であるときのインピーダンスを求めなさい。

(1) $\dot{V}=80+j60\,[\text{V}]$，$\dot{I}=4-j3\,[\text{A}]$

(2) $\dot{V}=80+j60\,[\text{V}]$，$\dot{I}=-6+j8\,[\text{A}]$

(3) $\dot{V}=20-j60\,[\text{V}]$，$\dot{I}=5-j2\,[\text{A}]$

【11】 あるインピーダンスの負荷に $\dot{V} = 200$ [V]の電圧を加えると，$\dot{I} = 12 - j4$ [A]の電流が流れた。次の各問に答えなさい。

(1) インピーダンスの抵抗を求めなさい。

(2) インピーダンスのリアクタンスを求めなさい。

【12】 $\dot{Z}_1 = 4 + j3$ [Ω]の回路に $\dot{I} = 2 - j3$ [A]の電流が流れているとき，このインピーダンスの端子電圧 $\dot{V}$ [V]を求めなさい。

【13】 $\dot{Z} = 5 + j6$ [Ω]のインピーダンスに100 [V]の電圧を加えたとき，流れる電流 $\dot{I}$ [A]を求めなさい。

【14】 20 [mH]のインダクタンスをもつコイルに50 [Hz]，$\dot{V} = 140 + j160$ [V]の電圧を加えた。このとき，流れる電流 $\dot{I}$ [A]を求めなさい。ただしコイルの抵抗は無視する。

【15】 250 [μF]の静電容量をもつコンデンサに 60 [Hz]，$\dot{V} = 140 - j160$ [V]の電圧を加えた。このとき，流れる電流 $\dot{I}$ [A]を求めなさい。

【16】 250 [mH]のインダクタンスに，50 [Hz]，$\dot{V} = 200 \angle \dfrac{\pi}{3}$ [V]を加えたときの流れる電流 $\dot{I}$ [A]を求めなさい。

【17】 40 [μF]のコンデンサに 60 [Hz]，$\dot{V} = 200 \angle \dfrac{\pi}{6}$ [V]を加えたときの電流 $\dot{I}$ [A]を求めなさい。

5−4　交流回路 (1)

練習問題

【1】 $R=2$ [Ω]，$X_L=6$ [Ω]，$X_C=10$ [Ω]の RLC の直列回路に $\dot{V}=160-j120$ [V]の電圧を加えたとき，次の各問に答えなさい。

(1) 合成インピーダンス $\dot{Z}$ [Ω]を求めなさい。

(2) 回路に流れる電流 $\dot{I}$ [A]を求めなさい。

【2】 図の回路において，$\dot{I}=6$ [A]を流した。次の各問に答えなさい。

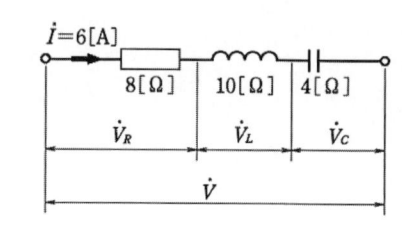

(1) $\dot{V}_R$ を求めなさい。

(2) $\dot{V}_L$ を求めなさい。

(3) $\dot{V}_C$ 求めなさい。

(4) $\dot{V}$ を求めなさい。

【3】 $R=10$ [Ω]，$X_L=5$ [Ω]の並列回路に $\dot{E}=40+j30$ [V]の電圧を加えたとき，流れる電流 $\dot{I}$ [A]を求めなさい。

【4】 図の回路において，$\dot{E} = 160 + j120$ [V]の電圧を加えた。次の各間に答えなさい。

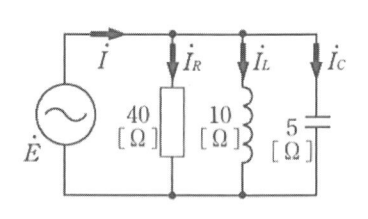

(1) $\dot{I}_R$ を求めなさい。

(2) $\dot{I}_L$ を求めなさい。

(3) $\dot{I}_C$ を求めなさい。

(4) $\dot{I}$ を求めなさい。

【5】 図のような並列回路において，$\dot{I} = 5 - j8$ [A]であるとき，次の各間に答えなさい。

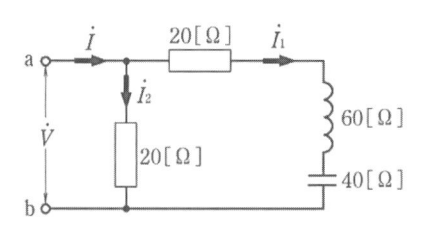

(1) $\dot{I}_1$ を求めなさい。

(2) $\dot{I}_2$ を求めなさい。

(3) ab間の電圧 $\dot{V}$ を求めなさい。

【6】 図の回路において，電圧 $\dot{E}$ [V]を加えると3 [Ω]の抵抗に5 [A]の電流が流れた。次の各間に答えなさい。

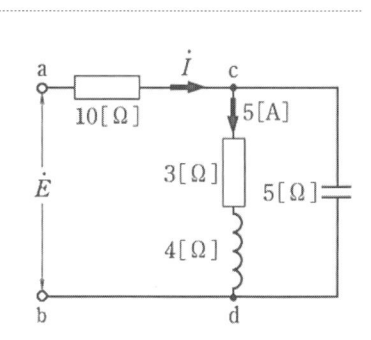

(1) 全電流 $\dot{I}$ [A]を求めなさい。

(2) 電圧 $\dot{E}$ [V]を求めなさい。

5−5　交流回路（2）

重要事項

(1) インピーダンス　$\dot{Z} = R + jX$ [Ω]

(2) アドミタンス　$\dot{Y} = G + jB$ [S]　　　　G [S]：コンダクタンス

B [S]：サセプタンス

$$\dot{Y} = \frac{1}{\dot{Z}} = \frac{1}{R} + \frac{1}{jX_L} + \frac{1}{-jX_C} = \frac{1}{R} + \frac{1}{j\omega L} + j\omega C = \frac{1}{R} + j\left(\omega C - \frac{1}{\omega L}\right) [\text{S}]$$

練習問題

【1】　次の各問に答えさい。

(1) $\dot{Z} = 40 + j30$ [Ω]のアドミタンスを求めなさい。

(2) $\dot{Z} = 40 + j30$ [Ω]のコンダクタンスを求めなさい。

(3) $\dot{Z} = 40 + j30$ [Ω]のサセプタンスを求めなさい。

【2】　$\dot{Y} = 0.3 - j0.4$ [S]の回路に200 [V]の電圧を加えたときの電流を求めなさい。

【3】　図の回路において，次の各問に答えなさい。

(1) $\dot{Z}_1$ のアドミタンス$\dot{Y}_1$を求めなさい。

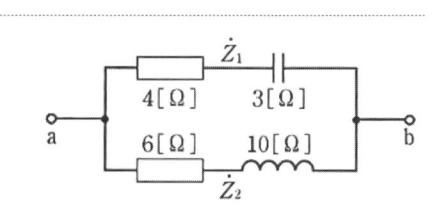

(2) $\dot{Z}_2$ のアドミタンス$\dot{Y}_2$を求めなさい。

(3) 合成アドミタンス$\dot{Y}$ を求めなさい。

(4) 合成インピーダンスを求めなさい。

【4】 $R=20\,[\Omega]$, $X_L=24\,[\Omega]$, $X_C=8\,[\Omega]$ の並列回路において，次の各問に答えなさい。

(1) アドミタンス $\dot{Y}$ を求めなさい。

(2) この回路に $200\,[\mathrm{V}]$ の電圧を加えたときの電流を求めなさい。

【5】 図の並列回路において，$\dot{I}_1=3\,[\mathrm{A}]$ のとき，次の各問に答えなさい。
ただし，$\dot{Z}_1=6+j4\,[\Omega]$, $\dot{Z}_2=j6\,[\Omega]$ とする。

(1) 合成インピーダンス $\dot{Z}_0$ を求めなさい。

(2) 合成アドミタンス $\dot{Y}_0$ を求めなさい。

(3) 端子電圧 $\dot{V}$ を求めなさい。

(4) 電流 $\dot{I}_2$ を求めなさい。

(5) 電流 $\dot{I}$ を求めなさい。

5−6　交流ブリッジ

重要事項

(1) 平衡条件　　　$\dot{Z}_1\dot{Z}_4 = \dot{Z}_2\dot{Z}_3$

(2) 平衡条件より各素子の値の求め方

・左辺の実数部＝右辺の実数部
・左辺の虚数部＝右辺の虚数部

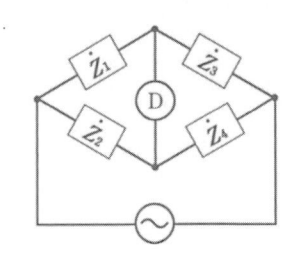

練習問題

【1】　図のマクスウェルブリッジ回路において，　$R_1 = 2000\,[\Omega]$，
$R_2 = 2500\,[\Omega]$，　$R_3 = 200\,[\Omega]$，$L_2 = 0.5\,[\text{H}]$で平衡したとき，

(1) R_x の値を求めなさい。

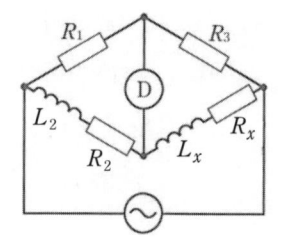

(2) L_x の値を求めなさい。

【2】　図のブリッジが平衡しているときの C_x の値を求めなさい。

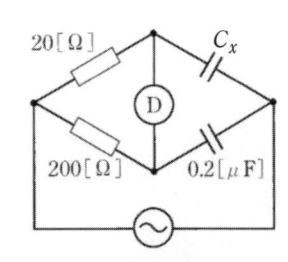

5−7 キルヒホッフの法則

練習問題

【1】 図の回路において，$\dot{E}_1=200[\text{V}]$，$\dot{E}_2=100[\text{V}]$，$R_1=40[\Omega]$，$R_2=10[\Omega]$，$R_3=12[\Omega]$のとき，各枝路に流れる電流について次の問に答えなさい。

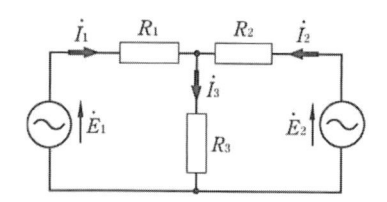

(1) $\dot{I}_1$を求めなさい。

(2) $\dot{I}_2$を求めなさい。

(3) $\dot{I}_3$を求めなさい。

【2】 図の回路において，$\dot{E}_1=8+j6[\text{V}]$，$\dot{E}_2=j10[\text{V}]$のとき，各枝路に流れる電流について次の問に答えなさい。

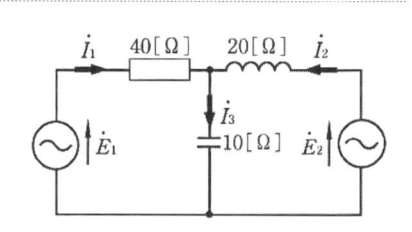

(1) $\dot{I}_1$を求めなさい。

(2) $\dot{I}_2$を求めなさい。

(3) $\dot{I}_3$を求めなさい。

5－8　重ね合わせの理

練習問題

【1】 図において，次の問の電流を答えなさい。

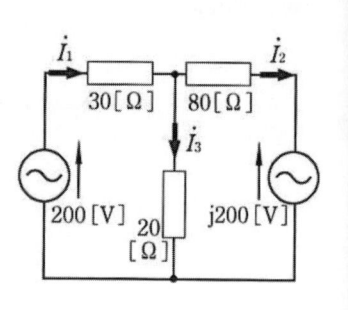

(1)　$\dot{I}_1$ を求めなさい。

(2)　$\dot{I}_2$ を求めなさい。

(3)　$\dot{I}_3$ を求めなさい。

【2】 図において，各枝路の電流を重ね合わせの理を用いて次の問に答えなさい。

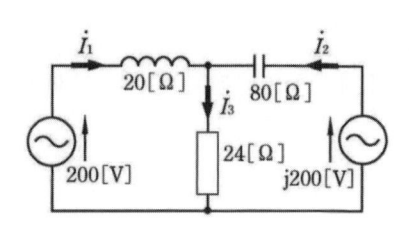

(1)　$\dot{I}_1$ を求めなさい。

(2)　$\dot{I}_2$ を求めなさい。

(3)　$\dot{I}_3$ を求めなさい。

5−9 鳳・テブナンの定理

練習問題

【1】 図の回路において，次の各問に答えなさい。

(1) 閉回路 abcd に流れる電流 $\dot{I}_0$ を求めなさい。

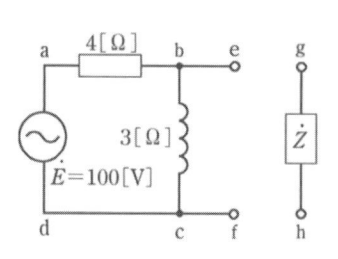

----

(2) 端子 ef 間の電圧 $\dot{V}$ を求めなさい。

----

(3) 端子 ef より左を見たインピーダンス $\dot{Z}_0$ を求めなさい。

----

(4) e と g，f と h を接続したとき，$\dot{Z}$ に流れる電流 $\dot{I}_1$ を求めなさい。
ただし，$\dot{Z} = \dfrac{13\,(3+j4)}{25}$ [Ω] とする。

【2】 図の回路において，次の各問に答えなさい。

(1) ab 間の電圧を求めなさい。

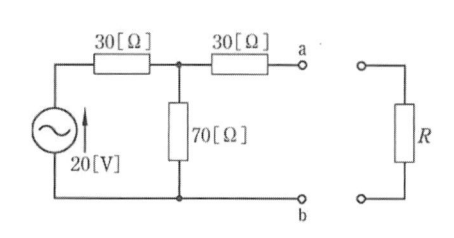

----

(2) ab 端子から見たインピーダンスを求めなさい。

----

(3) ab 間に $R = 50$ [Ω]を接続したときに流れる電流を求めなさい。

第 **6** 章

三相交流回路

6−1 三相交流起電力

重要事項

(1) $e_a = \sqrt{2}E\sin\omega t$ [V]   (2) $e_b = \sqrt{2}E\sin\left(\omega t - \dfrac{2\pi}{3}\right)$ [V]   (3) $e_c = \sqrt{2}E\sin\left(\omega t - \dfrac{4\pi}{3}\right)$ [V]

練習問題

【1】 各相の電圧の実効値が100 [V]の対称三相
交流電圧を，次の指示の通りに表しなさい。

(1) 瞬時値表示

$e_a =$ ....

$e_b =$ ....

$e_c =$ ....

(2) 複素数表示

$\dot{E}_a =$ ....

$\dot{E}_b =$ ....

$\dot{E}_c =$ ....

(3) ベクトル表示

【2】 基準より $\dfrac{\pi}{6}$ [rad]遅れた実効値 100 [V]の対称三相交流の
各相電圧を直角座標表示で表しなさい。

$\dot{E}_a =$ ....

$\dot{E}_b =$ ....

$\dot{E}_c =$ ....

【3】 $\dot{V}_{ab} = 100\angle 0$ [V]，$\dot{V}_{bc} = 100\angle -\dfrac{2\pi}{3}$ [V]，$\dot{V}_{ca} = 100\angle -\dfrac{4\pi}{3}$ [V]の対称三相交流電圧の和が 0 で
あることを示しなさい。

6−2 平衡三相交流回路 （Y–Y回路）

練習問題

【1】 Y–Y回路において，線間電圧の大きさが3000 [V]のとき，相電圧の大きさを求めなさい。

【2】 Y–Y回路において，線間電圧の大きさが200 [V]のとき，相電圧の大きさを求めなさい。

【3】 Y–Y回路において，線間電圧が105 [V]，線電流が10 [A]であるとき，次の各問に答えなさい。

　(1) 相電圧を求めなさい。

　(2) 相電流を求めなさい。

【4】 線間電圧200 [V]のY結線の電源に，20 [Ω]の抵抗3個をY結線として負荷を接続したときの線電流を求めなさい。

【5】 Y–Y 平衡回路で1相の起電力が115 [V]，負荷のインピーダンスが$\dot{Z}=3+j4\,[\Omega]$のとき，次の各問に答えなさい。

(1) 線電流を求めなさい。

(2) 線間電圧を求めなさい。

(3) 線間電圧と線電流の位相差を求めなさい。

【6】 Y–Y 平衡回路において，各相の起電力が110 [V]の対称三相電圧を$\dot{Z}=5+j5\sqrt{3}\,[\Omega]$のインピーダンスを負荷に加えた。次の各問に答えなさい。

(1) 線電流を求めなさい。

(2) 線間電圧を求めなさい。

(3) 線間電圧と線電流の位相差を求めなさい。

6−3 平衡三相交流回路（△-△回路）

練習問題

【1】 △-△回路において，線間電圧の大きさが 200 [V]のとき，相電圧の大きさを求めなさい。

【2】 △-△回路において，相電流が 5 [A]のとき，線電流を求めなさい。

【3】 △-△回路において，線電流が 30 [A]のとき，相電流を求めなさい。

【4】 △−△回路において，線間電圧が 105 [V]，線電流が 10 [A]であるとき，次の各問に答えなさい。

（1）相電圧を求めなさい。

（2）相電流を求めなさい。

【5】 $\triangle-\triangle$ 平衡三相回路の線間電圧が 200 [V]で，各相の抵抗が 40 [Ω]とするとき，次の各問に答えなさい。

(1) 相電流を求めなさい。

(2) 線電流を求めなさい。

【6】 線間電圧 200 [V]の対称三相 $\triangle$ 結線電源に，$\dot{Z}=4+j4$ [Ω]を $\triangle$ 結線とした負荷を接続したとき，次の各問に答えなさい。

(1) 相電流を求めなさい。

(2) 線電流を求めなさい。

【7】 $\dot{V}_{ab}=240\angle 0$ [V]，$\dot{V}_{bc}=240\angle -\dfrac{2\pi}{3}$ [V]，$\dot{V}_{ca}=240\angle -\dfrac{4\pi}{3}$ [V]の $\triangle$ 結線電源に $\dot{Z}=60\angle \dfrac{\pi}{6}$ [Ω]のインピーダンスを $\triangle$ 結線した。次の各問に答えなさい。

(1) 相電流を求めなさい。

(2) 線電流を求めなさい。

6−4 平衡三相交流回路 (Y-△, △-Y回路)

練習問題

【1】 Y結線三相交流の相電圧が 200 [V]の電源に，25 [Ω]の抵抗を△結線とした三相負荷を接続した。次の各問に答えなさい。

(1) 相電流を求めなさい。

(2) 線電流を求めなさい。

【2】 各相の電圧が 200 [V]の△結線対称三相交流電源に，$R = 3$ [Ω]，$X_L = \sqrt{2}$ [Ω]を直列にしたインピーダンス3個をY結線とした負荷を接続した。次の各問に答えなさい。

(1) 線電流を求めなさい。

(2) 電源の相電流を求めなさい。

【3】 R [Ω]の抵抗3個をY結線し，線間電圧 200 [V]の対称三相交流を加えると，線電流が 40 [A]になった。この抵抗を△結線に変更して同一電圧を加えたときの線電流を求めなさい。

6−5 △結線とY結線の等価回路

練習問題

【1】 図において，Y結線を△結線に，△結線をY結線に等価変換し，点線上にその結果を記入しなさい。

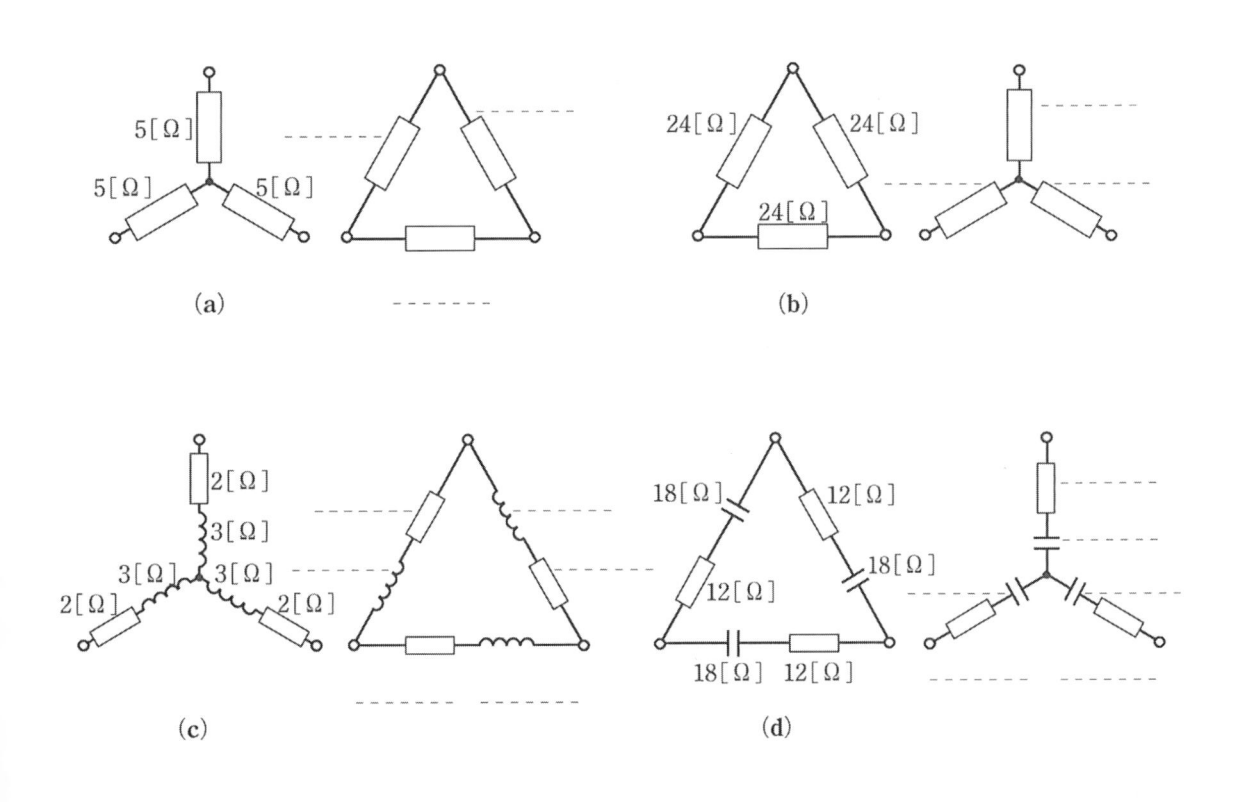

(a) (b)

(c) (d)

【2】 図の回路をY結線と△結線との2通りに等価変換し，点線上にその結果を記入しなさい。

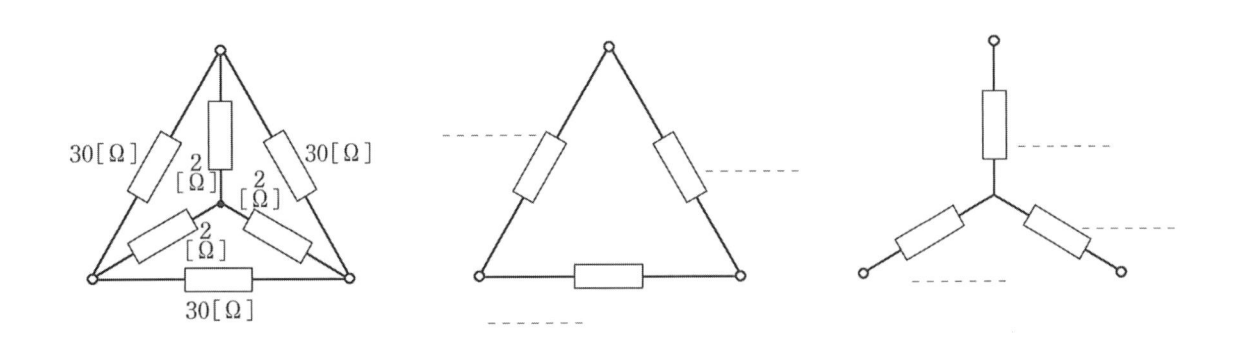

6−6　三相電力

練習問題

【1】　a 相の電力が 500 [W]，b 相の電力が 600 [W]，c 相の電力が 800 [W]であるときの三相電力 [kW]を求めなさい。

【2】　相電圧 200 [V]の三相 Y 結線電源に 40 [Ω]の抵抗をY 結線で接続したときの消費電力 [kW]を求めなさい。

【3】　対称三相電源に，1 相が 12 [Ω]の抵抗である三相 Y 結線平衡負荷が接続されている。線電流が 5 [A]であるときの消費電力 [kW]を求めなさい。

【4】線間電圧 200 [V]，線電流 15 [A]，負荷力率 80 [%]の平衡三相回路の三相電力 [kW]を求めなさい。

【5】 線間電圧が 200 [V]で，線電流が 14 [A]の平衡三相回路において，負荷の力率角が 30° である。このときの三相電力[kW]を求めなさい。

【6】 線間電圧 200 [V]，線電流 15 [A]，三相電力 3.5 [kW]の負荷の力率 [%]を求めなさい。

【7】 線間電圧 200 [V]の対称三相電源に，力率 60 [%]の平衡負荷を接続したとき，15 [A]の電流が流れた。次の各問に答えなさい。

 (1) 負荷の消費電力 [kW]を求めなさい。

 (2) 負荷の皮相電力 [kvar]を求めなさい。

 (3) 負荷の無効電力 [kV・A]を求めなさい。

【8】 線間電圧 240 [V]の対称三相交流電源に $\dot{Z} = 12 \angle 30°$ [Ω]のインピーダンスを Y 結線として負荷にした。このときの消費電力 [kW]を求めなさい。

【9】 $R = 4$ [Ω]，$X_L = 3$ [Ω]の直列に接続した△ 結線平衡負荷に，200 [V]の三相交流電圧を加えた。このときの三相電力 [kW]を求めなさい。

【10】 1相の起電力が 200 [V]の Y−△ 結線平衡三相回路がある。各相の負荷が $5 + j10$ [Ω]のとき，この回路の有効電力 [kW]を求めなさい。

【11】 図に示すように，相電圧が 240 [V]の対称三相電源が 2 [Ω]の抵抗の線路を通じて 30 [Ω]の平衡負荷にかかっている。
　　負荷で消費される電力[kW]を求めなさい。

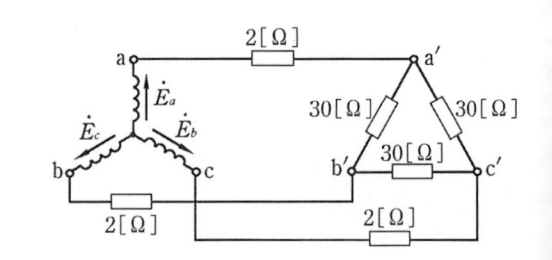

6－7　回転磁界

練習問題

【1】　図のように3個のコイルに流れる電流が変化するとき，各瞬時における磁界の方向を描きなさい。（図の下方のコイルに記入しなさい。）

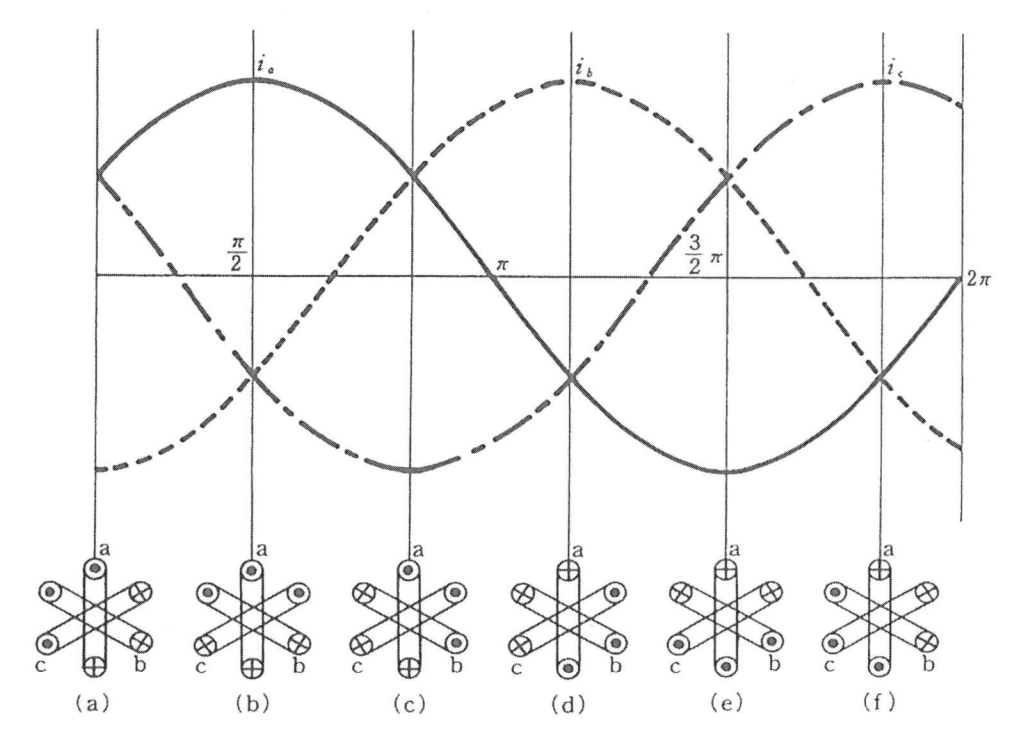

【2】　極数が6極の回転磁界を作る装置に，60 [Hz]の交流を加えたとき，生ずる回転磁界の速度を求めなさい。

【3】　極数が4極の回転磁界を作る装置に，50 [Hz]の交流を加えたとき，生ずる回転磁界の速度を求めなさい。

非正弦派交流

7−1 非正弦派交流

練習問題

【1】 図の合成波形を数式で表しなさい。

(1)

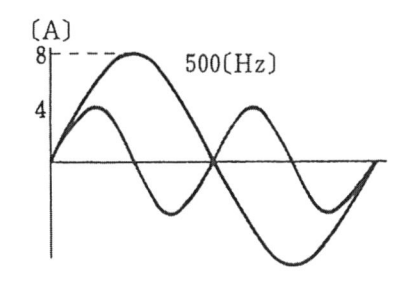

(2)

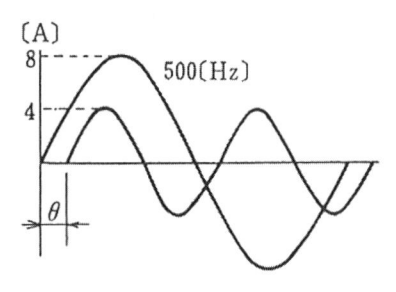

【2】 次の非正弦波交流の実効値とひずみ率を求めなさい。

(1) $i = 60 + 80\sqrt{2}\sin 2\pi ft$ [A]

実 効 値 ＝

ひずみ率 ＝

(2) $i = 20\sin\omega t + 10\sin\left(3\omega t + \dfrac{\pi}{6}\right)$ [A]

実 効 値 ＝

ひずみ率 ＝

【3】 $R = 10$ [Ω], $\omega L = 20$ [Ω], $\dfrac{1}{\omega C} = 100$ [Ω] の RLC 直列回路があるとき，次の各問に答えなさい。

(1) 基本波に対するインピーダンスを求めなさい。

(2) 第5調波に対するインピーダンスを求めなさい。

7-2 RC直列回路の過渡現象

練習問題

【1】 $2\,[\mu\text{F}]$ の静電容量をもつコンデンサと $500\,[\Omega]$ の抵抗との直列回路がある。この回路の時定数を求めなさい。

【2】 $1\,[\text{F}]$ のコンデンサと $1\,[\Omega]$ の抵抗を直列に接続した回路に $t=0$ で直流電圧 $1\,[\text{V}]$ を加えた。次の各問に答えなさい。

(1) 1秒後の抵抗の端子電圧を求めなさい。

(2) 1秒後のコンデンサの端子電圧を求めなさい。

(3) $t=0$ における抵抗の端子電圧を求めなさい。

(4) $t=0$ におけるコンデンサの端子電圧を求めなさい。

(5) 定常状態におけるコンデンサの端子電圧を求めなさい。

【3】 図の回路において，次の各問に答えなさい。

(1) この回路の時定数を求めなさい。

(2) スイッチ K を入れてから 6 秒後の電流 i を求めなさい。

(3) スイッチ K を入れてから C の端子電圧 V_C が定常電圧の $\dfrac{1}{2}$ になるのは何秒後であるかを答えなさい。

7−3 *RL*直列回路の過渡現象

練習問題

【1】 5 [H]のインダクタンスと 100 [Ω]の抵抗を直列に接続した回路がある。
この回路の時定数を求めなさい。

【2】 10 [Ω]の抵抗と 2 [H]の自己インダクタンスとの直列回路に, 100 [V]の直流電圧を加えた。
0.1 秒後の電流を求めなさい。

【3】 図の回路において, 次の各問に答えなさい。

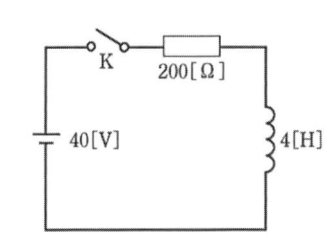

(1) この回路の時定数を求めなさい。

(2) スイッチ K を入れてから, 0.01 秒後の電流 i を求めなさい。

(3) スイッチ K を入れてから時定数に等しい時間が経過したとき, 次の各値を求めなさい。

① 電流の大きさ[A]

② R の端子電圧 V_R [V]

③ L の端子電圧 V_L [V]

(4) スイッチ K を入れてから流れる電流が, 定常電圧の $\frac{1}{2}$ になるのは何秒後であるかを答えなさい。

解　答

第1章　直流回路

　1－1　単位接頭語

【1】　(1) 1000[V]　　　　(2) 100000[Ω]　　　(3) 10000000[Ω]　　　(4) 0.2[m]　　　　(5) 0.0005[m]

【2】　(1) 0.1[kV]　　　　(2) 0.0002[km]　　　(3) 100000[cm]　　　(4) 10000[mV]　　　(5) 100[μA]

【3】　(1) 1[MΩ]　　　　(2) 0 .01[mm]　　　(3) 10000[μm]　　　(4) 0.0001[mA]　　　(5) 10000[mm]

　1－2　オームの法則

【1】　(1) 250[V]　　　　(2) 50[V]　　　　(3) 0.5[V]　　　　(4) 0.1[kV]

【2】　(1) 20[Ω]　　　　(2) 80[Ω]　　　　(3) 10[Ω]　　　　(4) 10[kΩ]

【3】　(1) 2[A]　　　　　(2) 40[mA]　　　　(3) 0.1[mA]　　　　(4) 1[mA]　　　　(5) 6[A]

　1－3　合成抵抗

【1】　(1) 60[Ω]　　　　(2) 25[kΩ]　　　(3) 60[kΩ]　　　(4)12.5[MΩ]　　　(5) 12[Ω]

　　　(6) 8[kΩ]　　　　(7) 5[Ω]　　　　(8) 4[kΩ]　　　(9) 38[Ω]　　　(10) 40[MΩ]

【2】　(1) 4.1[Ω]　　　　(2) 2[Ω]　　　　(3) 12[Ω]　　　(4) 1.2[Ω]

　　　(5) 8.57[Ω]　　　(6) 0.8[Ω]　　　(7) 8[Ω]　　　(8) 25[Ω]

【3】　2個の抵抗をR_1, R_2とする。　$R=10, 40$[Ω]

　1－4　分圧・分流

【1】　(1) 50[Ω]　　　　(2) 2[A]　　　　(3) $V_1=40$[V], $V_2=60$[V]

【2】　(1) 2500[Ω]　　　(2) 20[mA]　　　(3) $V_1=20$[V], $V_2=20$[V], $V_3=10$[V]

【3】　(1) 12[Ω]　　　　(2) 60[V]　　　　(3) $I_1=2$[A], $I_2=3$[A]

【4】　(1) 40[Ω]　　　　(2) 1.25[A]　　　(3) $I_1=0.75$[A], $I_2=0.5$[A]　　　(4) 15[V]　　　(5) 35[V]

【5】　(1) 2[kΩ]　　　　(2) 5[mA]　　　(3) $I_1=I_2=2$[mA], $I_3=1$[mA]　　　(4) 4[V]　　　(5) 6[V]

【6】　(1) 60[Ω]　　　　(2) 50[Ω]　　　(3) 0.2[A]　　(4) 0.24[A]　　　(5) 4.8[V]　　　(6) 7.2[V]

【7】　4[A]　　　【8】　$R=7.5$[Ω]　　　【9】　(1) 30[Ω]　　　(2) 15[Ω]　　　【10】　$R=1.2$[Ω]

　1－5　電位と電位差

【1】　(1) 100[V]　　　　(2) 80[V]

【2】　(1) 4[Ω]　　　　　(2) 20[V]　　　　(3) 20[V]　　　(4) 80[V]　　　(5) 16[Ω]

【3】　(1) 40[V]　　　　　(2) 50[V]　　　　(3) 10[V]

　1－6　キルヒホッフの法則

【1】　(1) $I_3=I_1+I_2$　　　(2) $3I_1-4I_2=2$　　　(3) $3I_1+2I_3=12$　　　(4) $I_1=2$[A], $I_2=1$[A], $I_3=3$[A]

【2】　$I_1=2$[A], $I_2=3$[A], $I_3=5$[A]（逆向き）　　　【3】　$I_1=1$[A], $I_2=2$[A], $I_3=3$[A]

【4】　$I_1=2$[A], $I_2=1$[A]（逆向き）, $I_3=1$[A]（逆向き）　　　【5】　7[A]　　　【6】　3[Ω]

　1－7　ホイートストンブリッジ

【1】　(1) 364.7[Ω]　　　(2) 48.76[Ω]　　　(3) 54930[Ω]

【2】　608[Ω]　　　【3】　(1) 24[Ω]　　　(2) 32[Ω]　　　【4】　$R=20$[Ω]　　　【5】　$X=1$[Ω]

【6】　1[Ω]　　　【7】　$R/2$[Ω]　　　【8】　48[V]

1－8　抵抗率と導電率

【1】　(1)　2000［m］　　　　(2)　5×10⁻⁶［m²］　　　　(3)　1.26×10⁻⁵［m²］　　　　(4)　5.02×10⁻⁵［m²］

【2】　1.75［Ω］　　　　　【3】　10.5［Ω］　　　　　【4】　2.79［Ω］　　　　　【5】　0.35［Ω］

【6】　ρ＝1.67×10⁻⁶［Ω・m］　　　σ＝5.99×10⁵［s/m］　　　　【7】　2［mm］　　　　【8】　8［倍］

[P.22]　1－9　抵抗の温度係数

【1】　1.74［Ω］　　　【2】　600［Ω］　　　　【3】　2.33×10⁻³［℃⁻¹］　　　　【4】　44［℃］

[P.23]　1－10　倍率器と分流器

【1】　600［kΩ］　　　　【2】　400［V］　　　【3】　72［kΩ］　　　【4】　0.007［Ω］　　　【5】　1250［mA］

【6】　0.0375［Ω］　　　【7】　56［A］　　　【8】　6［倍］

[P.25]　1－11　電流の発熱作用

【1】　(1) 1200 秒　　　(2) 144×10³［J］　　　　【2】　(1) 1800 秒　　　(2) 720×10³［J］

【3】　8［A］　　　　【4】　(1) 2000［kg］　　　(2) 419×10⁶［J］

[P.26]　1－12　電力

【1】　200［W］　　　【2】　50［W］　　　【3】　80［W］　　　【4】　0.02［W］　　　【5】　40［W］

【6】　100［V］　　　【7】　40［Ω］　　　【8】　5［A］　　　【9】　256［W］

【10】　(1) 300［W］　　　(2)　600［W］　　　　【11】　6［W］　　　　【12】　75［W］

[P.28]　1－13　電力量

【1】　(1) 720時間　　　(2) 1000［W・h］　　　(3) 3600［kW・s］　　　(4) 3600000［W・s］　　　(5) 6000円

【2】　15000［W・s］　　　【3】　300［kW・s］　　　【4】　10［kW・h］　　　【5】　2880［W・s］

【6】　20［kW・h］　　　【7】　800［kW・h］　　　【8】　0.1［kW・h］　　　【9】　1［kW・h］

【10】　1.5［kW・h］　　　【11】　1975［W・h］　　　【12】　93［kW・h］

第2章　電流と磁気

[P.31]　2－1　磁極に働く力

【1】　㋐ 1×10⁻⁴［Wb］　　　㋑ 2×10⁻⁵［Wb］　　　㋒ 0.01［m］　　　F＝1.27［N］

【2】　㋐ 4×10⁻⁴［Wb］　　　㋑ 4×10⁻⁴［Wb］　　　㋒ 5［cm］　　　㋓ 5×10⁻²［m］　　　F＝4.05［N］

【3】　㋐ 1.15×10⁻⁴［Wb］　　　㋑ 3.34×10⁻⁴［Wb］　　　㋒ 1［N］　　　r＝4.93［cm］

【4】　(1) 1　　　(2) 4π×10⁻⁷［H/m］　　　(3) 8.80×10⁻⁵［H/m］

【5】　0.25［N］　　　【6】　4.98

[P.33]　2－2　磁界

【1】　0.317［A/m］　　　【2】　3.17×10³［A/m］　　　【3】　2.11×10³［A/m］　　　【4】　1［N］

[P.34]　2－3　磁束と磁界

【1】　(1) H 本　　　(2) 7.958×10⁵×m本　　　(3) m本　　　(4) 2.5本

【2】　(1) 2［T］　　　(2) 1.2［T］　　　(3) 22.92［T］

【3】　(1) 25.1×10⁻³［T］　　　(2) 5.03［T］

〔P.35〕 2−4 電流による磁界

【1】(1) 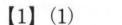 (2) 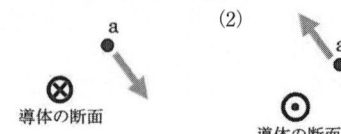 (3) 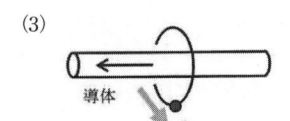 (4)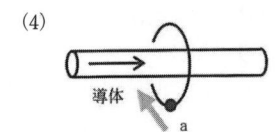

(5) 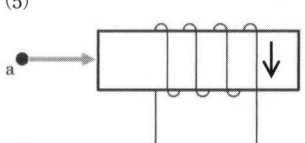 (6)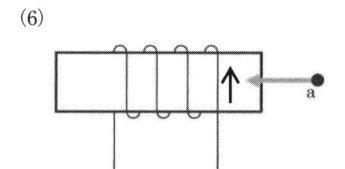

〔P.36〕 【1】 10[A/m]　　　【2】 1.59[m]　　　【3】 50[A/m]　　　【4】 0.4[A]
〔P.37〕 【1】 625[A/m]　　　【2】(1) 0.1[m]　　　(2) 628回　　　【3】 240[A/m]
　　　　【4】(1) 8000回　　(2) 0.025[A]

〔P.38〕 2−5 磁気回路

【1】 150[A]　　　【2】 800[A]　　　【3】 0.1[A]　　　【4】 400[A/m]
【5】(1) 10^{-3}[m²]　　　(2) $8\pi \times 10^{-5}$[H/m]　　　(3) 1.25×10^{6}[H⁻¹]
【6】(1) 3×10^{-3}[m²]　　　(2) $12\pi \times 10^{-5}$[H/m]　　　(3) 30.54[cm]
【7】(1) 1500[A]　　(2) $8\pi \times 10^{-5}$[H/m]　　(3) 99.47×10^{3}[H⁻¹]　　(4) 15.08×10^{-3}[Wb]　　(5) 1.51[T]

〔P.40〕 2−6 電磁力

【1】(1) 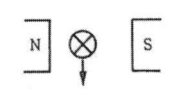 (2) 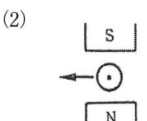 (3)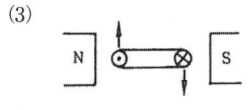

【2】(1) 0　　　　(2) 0.5　　　　(3) 0.71　　　　(4) 0.87　　　　(5) 1
【3】(1) 1[N]　　　(2) 0.5[N]　　　(3) 0[N]
【4】 0.43[N]

〔P.41〕 2−7 トルクの大きさ

【1】(1) 1　　　(2) 0.87　　　(3) 0.71　　　(4) 0.5　　　(5) 0
【2】(1) 0.06[m²]　　　(2) 0.027[N・m]
【3】 1.04×10^{-3}[N]

〔P.42〕 2−8 電流相互間に働く力

【1】(1) 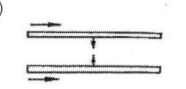 (2) (3)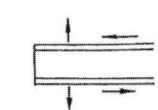

【2】 2×10^{-4}[N/m]
【3】 1.43×10^{-2}[N/m]

[P.43] 2－9 電磁誘導

【1】 (1) 0.2[s]　　　　(2) 0.3[Wb]　　　　(3) 15[V]

【2】 (1) 0.4[s]　　　　(2) 2×10^{-3} [Wb]　　　(3) 2[V]

【3】 32回

[P.44] 【1】 0.4[V]　　　【2】 0.346[V]　　　【3】 50[m／s]　　　【4】 0.2[m]

[P.45] 2－10 自己インダクタンス

【1】 (1) 0.01[s]　　　(2) 1.6[A]　　　(3) 320[V]

【2】 6[mV]　　　【3】 0.4[H]　　　【4】 1.25[H]

[P.46] 【1】 0.75[H]　　　【2】 150回　　　【3】 12.5×10^{-6}[Wb]　　　【4】 1[A]

[P.47] 【1】 (1) $2\pi \times 10^{-4}$ [H/m]　　　(2) 0.25[H]

　　　【2】 0.90[H]

[P.48] 2－11 相互インダクタンス

【1】 (1) 0.8[A]　　　(2) 2.4[V]

【2】 8[V]　　　【3】 2[H]　　　【4】 46[mH]

[P.49] 【1】 (1) 1.6[m]　　　(2) 8×10^{-4}[m²]　　　(3) $8\pi \times 10^{-4}$ [H/m]　　　(4) 125.7[mH]

　　　【2】 1.13[m]

[P.50] 2－12 自己インダクタタンスと相互インダクタンス

【1】 (1) 140[mH]　　　(2) 126[mH]

【2】 240[mH]　　　【3】 0.2　　　【4】 225[mH]

[P.51] 2－13 合成インダクタタンス

【1】 (1) 和動　　　　　　　　　　(2) 差動

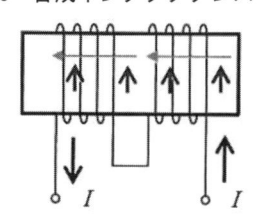　　　　　　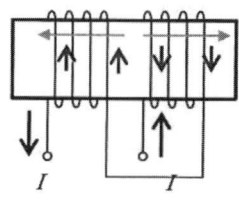

【2】 4[H]　　　【3】 2[H]　　　【4】 10[mH]

[P.52] 2－14 電磁エネルギー

【1】 40[J]　　　【2】 2.5×10^{-2}[J]　　　【3】 0.3[H]　　　【4】 5[A]

第3章　静電気

[P.54] 3－1 静電力

【1】 ㋐ 5×10^{-6}[C]　　　㋑ 8×10^{-6}[C]　　　㋒ 1[m]　　　$F = 0.36$[N]

【2】 5.4[N]　　　【3】 3[cm]　　　【4】 0.16[N]　　吸引力

[P.55] 3－2 電界の強さ

【1】 1.35×10^{4}[V/m]　　　【2】 1.5 [m]　　　【3】 2×10^{7}[V/m]　　　【4】 27×10^{3}[V/m]

[P.56] 3－3　電界内の静電力・電束密度

【1】　0.02[N]　　　　【2】　30[V/m]　　　　【3】　0.02[C/m²]　　　　【4】　0.04[C/m²]

[P.57] 3－4　電位

【1】　3.2[V]　　　【2】　3.6×10⁴[V]　　　【3】　9×10³[V]　　　【4】　30[cm]　　　【5】　2.67×10⁻⁵[C]

[P.58] 3－5　静電容量

【1】　2×10⁻³[C]　　　　【2】　0.15×10⁻³[C]　　　【3】　0.5×10⁻⁶[C]　　　【4】　0.0125[μF]　　　【5】　200[V]
[P.59]【1】　531[pF]　　【2】　(1) 10⁻³[m²]　　　　(2) 0.0885[pF]
　　　　　　【3】　88.5[pF]　　【4】　(1) 10⁻²π[m²]　　　(2) 278[pF]

[P.60] 3－6　合成静電容量

【1】　(1) 10[μF]　　　　(2) 23[μF]　　　(3) 10[μF]　　　(4) 25[μF]　　　(5) 1.2[μF]　　　(6) 0.8[μF]
　　　(7) 2.5[μF]　　　(8) 4[μF]　　　(9) 4[μF]　　　(10) 11.2[μF]　　　(11) 16.2[μF]　　　(12) 3.5[μF]
【2】　(1) 0.5[μF]　　　(2) 50[μF]

[P.62] 3－7　コンデンサの直列接続・並列接続

【1】　(1) 8[μF]　　　　(2) 20[μC]　　　(3) 60[μC]　　　(4) 80[μC]
【2】　(1) 18[μF]　　　(2) 50[μC]　　　(3) 40[μC]　　　(4) 90[μC]
【3】　(1) 2.4[μF]　　　(2) 24[μC]　　　(3) 24[μC]　　　(4) 24[μC]　　　(5) 6[V]　　　(6) 4[V]
【4】　(1) 1.6[μF]　　　(2) 8[μC]　　　(3) 4[V]　　　(4) 1[V]
【5】　(1) 2.5[μF]　　　(2) 25[μC]　　　(3) 25[μC]　　　(4) 5[V]　　　(5) 5[V]　　　(6) 5[V]
　　　(7) 11[μC]　　　(8) 14[μC]
【6】　(1) 5[μF]　　　(2) 10[μC]　　　(3) 2[V]　　　(4) 7[μC]　　　(5) 1[V]　　　(6) 3[μC]
【7】　3[μF]

[P.66] 3－8　静電エネルギー

【1】　0.01[J]　　　　【2】　200[J]
【3】　(1) 1.2[μF]　　　(2) 0.006[J]　　　(3) 120[μC]　　　(4) 60[V]　　　(5) 0.0036[J]

第4章　単相交流回路

[P.68] 4－1　周波数と周期

【1】　0.1[s]　　　　【2】　0.01[s]　　　【3】　0.1[ms]　　　【4】　5[Hz]　　　【5】　10[kHz]
【6】　(1) 20[ms]　　　(2) 50[Hz]

[P.69] 4－2　角周波数と角速度

【1】　① $\frac{\pi}{6}$　　　② 45　　　③ $\frac{\pi}{3}$　　　④ 90　　　⑤ $\frac{2\pi}{3}$　　　⑥ 135
　　　⑦ π　　　⑧ 270　　　⑨ 2π　　　⑩ 540
【2】　1256.64[rad/s]
【3】　(1) 100[Hz]　　　(2) 0.01[s]
【4】　(1) 100[Hz]　　　(2) 628.32[rad/s]

4－3　瞬時値

【1】　$20 \sin 100\pi t\,[\mathrm{V}]$　　　　　　　　【2】　$5 \sin 200\pi t\,[\mathrm{A}]$

【3】　(1) $0[\mathrm{V}]$　　　　(2) $5.88[\mathrm{V}]$　　　　(3) $10[\mathrm{V}]$

【4】　(1) $50[\mathrm{V}]$　　　　(2) $86.6[\mathrm{V}]$

【5】　(1) $5[\mathrm{ms}]$　　　　(2) $200[\mathrm{Hz}]$　　　(3) $1256.64[\mathrm{rad/s}]$　　　(4) $20 \sin 400\pi t\,[\mathrm{V}]$　　　(5) $19.02[\mathrm{V}]$

　　　　(6) $11.76[\mathrm{V}]$　　　(7) $1.25[\mathrm{ms}]$　　　(8) $3.75[\mathrm{ms}]$　　　　(9) $0[\mathrm{ms}],\ 2.5[\mathrm{ms}],\ 5[\mathrm{ms}]$

[P. 72]　**4－4　最大値・実効値・平均値**

【1】　$10[\mathrm{V}]$　　　　【2】　$5[\mathrm{A}]$　　　　【3】　$100[\mathrm{V}]$　　　　【4】　$141.42[\mathrm{V}]$　　　　【5】　$7.07[\mathrm{A}]$

【6】　$63.66[\mathrm{V}]$　　　【7】　$15.71[\mathrm{A}]$

【8】　(1) $10[\mathrm{A}]$　　　(2) $7.07[\mathrm{A}]$　　　(3) $100[\mathrm{Hz}]$　　　(4) $628.32[\mathrm{rad/s}]$　　　(5) $10\sin 200\pi t\,[\mathrm{A}]$

【9】　(1) $7.07[\mathrm{V}]$　　　(2) $50[\mathrm{Hz}]$　　　(3) $0.02[\mathrm{s}]$

[P. 74]　**4－5　位　相**

【1】　$28.2\sqrt{2}\sin\left(100\pi t-\dfrac{\pi}{3}\right)[\mathrm{V}]$　　【2】　$50\sin\left(100\pi t+\dfrac{2\pi}{3}\right)[\mathrm{A}]$　　【3】　$10\sqrt{2}\sin\left(\omega t+\dfrac{\pi}{4}\right)[\mathrm{A}]$　　【4】　$10\sqrt{2}\sin\omega t\,[\mathrm{V}]$

【5】　v がiより $\dfrac{\pi}{4}[\mathrm{rad}]$進んでいる　　　【6】　v がiより $\dfrac{\pi}{4}[\mathrm{rad}]$遅れている　　　【7】　i がvより $\dfrac{\pi}{2}[\mathrm{rad}]$進んでいる

【8】　v がiより $\dfrac{\pi}{2}[\mathrm{rad}]$進んでいる　　　【9】　i がvより $\dfrac{\pi}{2}[\mathrm{rad}]$進んでいる　　　【10】　i_1がi_2より $\dfrac{\pi}{4}[\mathrm{rad}]$遅れている

[P. 76]　**4－6　ベクトルの演算**

【1】　(1)　　　　(2)　　　　(3)　　　　(4)　　　　(5)　　　　(6)

  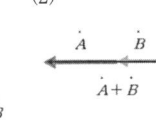 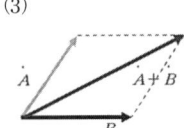 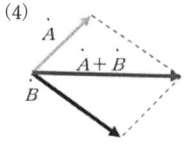 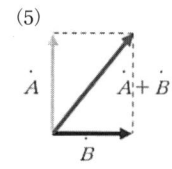 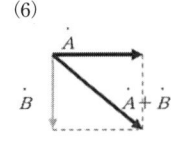

【2】　(1)　　　　(2)　　　　(3)

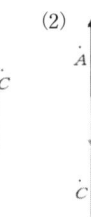 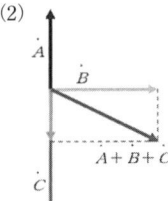

【3】　㋐　$(5,\ 2)$　　　㋑　$(2,\ 3)$　　　㋒　$(-3,\ 2)$　　　㋓　$(-2,\ -2)$　　　㋔　$(1,\ -2)$

【4】　(1) $(4,\ 6)$　　　(2) $(8,\ 3)$　　　(3) $(9,\ 15)$　　　(4) $(0,\ 0)$　　　(5) $(8,\ 13)$

[P. 78]　**4－7　ベクトルの極座標表示**

【1】　(1) $2\angle\dfrac{\pi}{3}$　　　(2) $2\angle\dfrac{\pi}{6}$　　　(3) $2\sqrt{2}\angle\dfrac{\pi}{4}$　　　(4) $3\sqrt{2}\angle\dfrac{3\pi}{4}$

[P. 79]　**4－8　瞬時値と極座標表示**

【1】　(1) $200\,[\mathrm{V}]$　　　(2) $7\angle\dfrac{\pi}{6}[\mathrm{A}]$　　　(3) $20\angle-\dfrac{\pi}{2}[\mathrm{V}]$　　　(4) $17\angle-\dfrac{\pi}{3}[\mathrm{A}]$　　　(5) $5.66\angle\dfrac{3\pi}{2}[\mathrm{V}]$

【2】　(1) $10\sqrt{2}\sin(\omega t+30°)\,[\mathrm{A}]$　　　(2) $300\sqrt{2}\sin(\omega t-60°)\,[\mathrm{V}]$

　　　(3) $5\sqrt{2}\sin\left(\omega t+\dfrac{\pi}{3}\right)[\mathrm{A}]$　　　(4) $120\sqrt{2}\sin\left(\omega t-\dfrac{\pi}{2}\right)[\mathrm{V}]$

【3】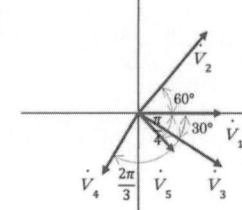

【4】 (1) $4\sqrt{2}\sin(\omega t+15°)$ [A]

(2) $5\sqrt{2}\sin(\omega t-\dfrac{\pi}{4})$ [A]

(3) $30\sqrt{2}\sin(\omega t-\dfrac{2\pi}{3})$ [V]

(4) $45\sqrt{2}\sin(\omega t+\dfrac{2\pi}{3})$ [V]

〔P. 81〕 **4－9** R, L, C 交流回路

【1】 4 [Ω]　　**【2】** 25 [mA]　　**【3】** 50 [mV]　　**【4】** 3.14 [Ω]　　**【5】** 62.83 [Ω]　　**【6】** 2 [mH]

【7】 10 [Ω], 10 [A]　　**【8】** 2 [kΩ]　　**【9】** 31.83 [Ω]　　**【10】** 10 [Ω], 5 [A]　　**【11】** 0.5 [Ω]

〔P. 83〕 **4－10** R, L, C 直列回路

【1】 50 [Ω]

【2】 (1) 25 [Ω]

(2) 4 [A]

(3) 80 [V]

(4) 60 [V]

(5) 0.6 [rad]　$(36.9°)$

(6) 右図

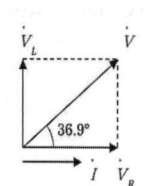

【3】 (1) 56.57 [Ω]

(2) 1.77 [A]

(3) 70.8 [V]

(4) 70.8 [V]

(5) $\dfrac{\pi}{4}$ [rad]　$(45°)$

(6) 右図

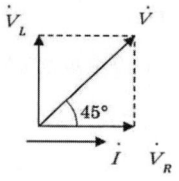

【4】 (1) 25 [Ω]　　(2) 250 [V]

【5】 (1) 12.57 [Ω]　　(2) 23.62 [Ω]　　(3) 8.47 [A]

【6】 (1) 18.85 [Ω]　　(2) 31.31 [Ω]　　(3) 6.39 [A]　　(4) 160 [V]　　(5) 120 [V]　　(6) 0.6 [rad]　$(36.9°)$

【7】 36.06 [Ω]

【8】 (1) 20 [Ω]

(2) 5 [A]

(3) 80 [V]

(4) 60 [V]

(5) 0.6 [rad]　$(36.9°)$

(6) 右図

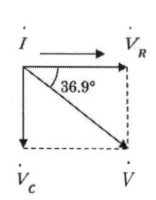

【9】 (1) 106.10 [Ω]

(2) 145.80 [Ω]

(3) 0.69 [A]

(4) 0.8 [rad]　$(46.7°)$

【10】 50 [Ω]

【11】 (1) 44.72 [Ω]

(2) 2.24 [A]

(3) 0.5 [rad]　$(26.6°)$

(4) 右図

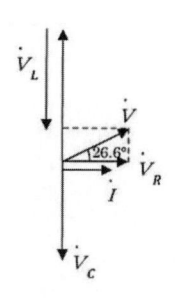

【12】 (1) 62.83 [Ω]

(2) 15.92 [Ω]

(3) 55.68 [Ω]

(4) 3.59 [A]

(5) 1.0 [rad]　$(57.4°)$

(6) 右図

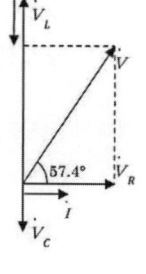

【13】 (1) 44.72 [Ω]　　(2) 4.47 [A]

[P. 89] **4－11　R, L, C 並列回路**

【1】 2.4［Ω］

【2】 (1) 4.8［Ω］

(2) 40［A］

(3) 30［A］

(4) 50［A］

(5) 0.64［rad］（36.9°）

(6) 右図

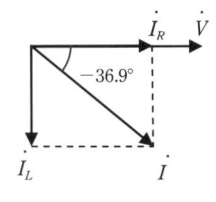

【3】 4.8［Ω］

【4】 (1) 5［A］

(2) 4［A］

(3) 6.4［A］

【5】 (1) 24［Ω］

(2) 12［A］

(3) 16［A］

(4) 20［A］

(5) 0.93［rad］（53.1°）

(6) 右図

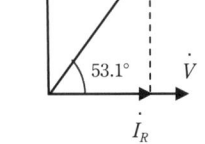

【6】 14.86［Ω］

【7】 10［A］

[P. 92] **4－12　単相交流電力**

【1】 200［W］　　　**【2】** 500［W］　　　**【3】** 3200［W］　　　**【4】** (1) 0.55　　　(2) 550［W］

【5】 400［W］　　　**【6】** 2500［V］　　　**【7】** 0.75　　　**【8】** 1600［VA］

【9】 1500［VA］　　　**【10】** 6000［VA］　　　**【11】** 60［%］

【12】 (1) 2400［W］　　(2) 0.6　　　(3) 1800［Var］

【13】 (1) 1200［VA］　　(2) 0.8

【14】 (1) 100［Ω］　　(2) 0.6　　　(3) 0.8　　　(4) 400［VA］　　　(5) 240［W］　　　(6) 320［Var］

【15】 (1) 12.57［Ω］　　(2) 26.53［Ω］　　(3) 28.63［Ω］　　(4) 0.87

(5) 0.49　　(6) 6.99［A］　　(7) 1216.26［W］　　(8) 685.02［Var］

【16】 76.8［kWh］

第5章　記号法による交流回路

[P. 97] **5－1　複素数**

【1】 (1) $-j$　　(2) $j-1$　　(3) $8+j10$　　(4) $2+j9$　　(5) $3-j5$　　(6) $-6+j5$　　(7) $4+j4$

(8) $11-j9$　　(9) $3-j3$　　(10) $14-j3$　　(11) $8+j$　　(12) $10+j20$　　(13) 41　　(14) $-7+j4$

(15) $\dfrac{21+j}{13}$　　(16) $\dfrac{18-j}{50}$　　(17) $\dfrac{7+j24}{25}$　　(18) $\dfrac{4+j}{2}$

【2】

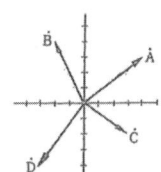

【3】 (1) $4.47 \angle 63.4°$　　(2) $50 \angle 126.9°$　　(3) $20 \angle 233.1°$　　(4) $60 \angle -53.1°$

【4】 (1) $50\sqrt{2}+j50\sqrt{2}$　　(2) $25\sqrt{3}-25$　　(3) $30+j30\sqrt{3}$　　(4) $-30+j30\sqrt{3}$

(5) $-100+j100\sqrt{3}$　　(6) -100

【5】 (1) $10\sqrt{2}+j10\sqrt{2}$　　(2) $j24$　　(3) $\sqrt{3}-j$　　(4) $0.25\sqrt{3}+j0.25$

5－2　交流基本回路 (1)

【1】(1) 20[Ω]　　(2) 20[Ω]　　(3) $40 \angle \dfrac{\pi}{2}$[Ω]　　(4) $j\,40$[Ω]　　(5) $50 \angle -\dfrac{\pi}{2}$[Ω]　　(6) $-j\,50$[Ω]

【2】(1) $40 \angle 53.1°$[V]　　　　(2) $20 \angle -53.1°$[A]　　　(3) $100 \angle 143.1°$[V]　　(4) $100 \angle -120°$[A]

【3】(1) $-2.5\sqrt{3}+j\,2.5$[A]　　(2) $50+j\,50\sqrt{3}$[V]　　(3) $25\sqrt{3}-j\,25$[A]　　(4) $-100-j\,100\sqrt{3}$[V]

【4】(1) $50+j\,50\sqrt{3}$[V]　　(2) $25\sqrt{2}-j\,25\sqrt{2}$[A]　　(3) $25\sqrt{3}+j\,25$[V]　　(4) $5\sqrt{3}-j\,5$[A]

【5】(1) $50\sqrt{2}\,\sin(\omega t+36.9°)$[V]　　(2) $200\sqrt{2}\,\sin(\omega t-36.9°)$[V]

　　(3) $20\sqrt{2}\,\sin(\omega t+240°)$[V]　　(4) $100\sqrt{2}\,\sin(\omega t-53.1°)$[V]

【6】(1) 10[A]　　(2) $2.5-j\,2.5\sqrt{3}$[A]　　(3) $25\sqrt{3}+j\,25$[V]

5－3　交流基本回路 (2)

【1】$\dot{Z}=3+j\,4$[Ω],　$Z=5$[Ω]　　【2】$\dot{Z}=2-j\,4$[Ω],　$Z=4.47$[Ω]　　【3】$\dot{Z}=5+j\,6$[Ω],　$Z=7.81$[Ω]

【4】$\dot{Z}=18+j\,14$[Ω],　$Z=22.80$[Ω]　　　【5】$\dot{Z}=0.15+j\,0.23$[Ω],　$Z=0.27$[Ω]

【6】$\dot{Z}=5.99-j\,3.87$[Ω],　$Z=7.13$[Ω]　　【7】$\dot{Z}=1.92-j\,9.62$[Ω],　$Z=9.81$[Ω]

【8】$2.25+j\,2$[Ω]　　　【9】$3.17+j\,0.5$[Ω]

【10】(1) $\dfrac{28+j\,96}{5}$[Ω]　　(2) $-j\,10$[Ω]　　(3) $\dfrac{220-j\,260}{29}$[Ω]　　【11】(1) $R=15$[Ω]　　(2) $X_L=5$[Ω]

【12】$17-j\,6$[V]　　　【13】$8.20-j\,9.84$[A]　　　【14】$25.5-j\,22.3$[A]　　　【15】$-15.1-j\,13.2$[A]

【16】(1) $2.55 \angle -\dfrac{\pi}{6}$[A]　　　【17】(1) $3.02 \angle \dfrac{2\pi}{3}$[A]

5－4　交流回路 (1)

【1】(1) $2-j\,4$[Ω]　　　(2) $40+j\,20$[A]

【2】(1) 48[V]　　　(2) $j\,60$[V]　　　(3) $-j\,24$[V]　　(4) $48+j\,36$[V]　　　【3】$10-j\,5$[A]

【4】(1) $4+j\,3$[A]　　(2) $12-j\,16$[A]　　(3) $-j\,24+j\,32$[A]　　(4) $-8+j\,19$[A]

【5】(1) $0.4-j\,4.2$[A]　　(2) $4.6-j\,3.8$[A]　　(3) $92-j\,76$[V]

【6】(1) $1+j\,3$[A]　　(2) $25+j\,50$[V]

5－5　交流回路 (2)

【1】(1) $0.016-j\,0.012$[S]　　(2) 0.016[S]　　(3) 0.012[S]　　【2】$60-j\,80$[A]

【3】(1) $0.16+j\,0.12$[S]　　(2) $0.04-j\,0.07$[S]　　(3) $0.2+j\,0.05$[S]　　(4) $4.7-j\,1.18$[Ω]

【4】(1) $0.05+j\,0.083$[S]　　(2) $10+j\,16.6$[A]

【5】(1) $1.59+j\,3.35$[Ω]　　(2) $0.116-j\,0.244$[S]　　(3) $18+j\,12$[V]　　(4) $2-j\,3$[A]　　(5) $5-j\,3$[A]

5－6　交流ブリッジ

【1】(1) 250[Ω]　　　(2) 0.05[H]　　　　【2】2[μF]

5－7　キルヒホッフの法則

【1】(1) $\dot{I_1}=3.2$[A]　　(2) $\dot{I_2}=2.8$[A]　　(3) $\dot{I_3}=6.0$[A]

【2】(1) $\dot{I_1}=j\,0.4$[A]　　(2) $\dot{I_2}=1+j\,0.4$[A]　　(3) $\dot{I_3}=1+j\,0.8$[A]

【1】 (1) $4.35-j\,0.87\,[\text{A}]$ (2) $0.87-j\,2.17\,[\text{A}]$ (3) $3.48-j\,1.30\,[\text{A}]$

【2】 (1) $8.12-j\,5.68\,[\text{A}]$ (2) $4.53+j\,1.08\,[\text{A}]$ (3) $3.59-j\,6.76\,[\text{A}]$

【1】 (1) $16-j\,12\,[\text{A}]$ (2) $36+j\,48\,[\text{V}]$ (3) $1.44+j\,1.92\,[\Omega]$ (4) $12\,[\text{A}]$

【2】 (1) $14\,[\text{V}]$ (2) $51\,[\text{A}]$ (3) $0.139\,[\text{A}]$

第6章 三相交流回路

【1】 (1) $e_a=100\sqrt{2}\,E\sin\omega t\,[\text{V}]$ ，$e_b=100\sqrt{2}\,E\sin(\omega t-\dfrac{2\pi}{3})\,[\text{V}]$ ，$e_c=100\sqrt{2}\,E\sin(\omega t-\dfrac{4\pi}{3})\,[\text{V}]$

    (2) $\dot{E}_a=100\,[\text{V}]$ ，$\dot{E}_b=-50-j\,50\sqrt{3}\,[\text{V}]$ ，$\dot{E}_c=-50+j\,50\sqrt{3}\,[\text{V}]$ (3) 右図

【2】 $\dot{E}_a=50\sqrt{3}-j\,50\,[\text{V}]$ ，$\dot{E}_b=-50\sqrt{3}-j\,50\,[\text{V}]$ ，$\dot{E}_c=j\,100\,[\text{V}]$

【3】 $\dot{V}_{bc}=-50-j\,50\sqrt{3}\,[\text{V}]$ ，$\dot{V}_{ca}=-50+j\,50\sqrt{3}\,[\text{V}]$

    $\dot{V}_{ab}+\dot{V}_{bc}+\dot{V}_{ca}=100+(-50-j\,50\sqrt{3})+(-50+j\,50\sqrt{3})=0\,[\text{V}]$

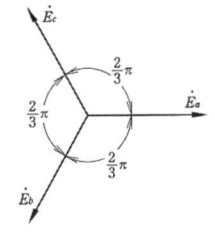

【1】 $1732\,[\text{V}]$ 【2】 $115.5\,[\text{V}]$ 【3】 (1) $60.6\,[\text{V}]$ (2) $10\,[\text{A}]$

【4】 $5.78\,[\text{A}]$ 【5】 (1) $23.0\,[\text{A}]$ (2) $199.2\,[\text{V}]$ (3) 83.1°

【6】 (1) $11\,[\text{A}]$ (2) $190.5\,[\text{V}]$ (3) 90°

【1】 $200\,[\text{V}]$ 【2】 $8.66\,[\text{A}]$ 【3】 $17.32\,[\text{A}]$ 【4】 (1) $105\,[\text{V}]$ (2) $5.77\,[\text{A}]$

【5】 (1) $5\,[\text{A}]$ (2) $8.66\,[\text{A}]$ 【6】 (1) $35.4\,[\text{A}]$ (2) $61.3\,[\text{A}]$

【7】 (1) $\dot{I}_{ab}=4\angle-\dfrac{\pi}{6}\,[\text{A}]$ ，$\dot{I}_{bc}=4\angle-\dfrac{5\pi}{6}\,[\text{A}]$ ，$\dot{I}_{ca}=4\angle-\dfrac{3\pi}{2}\,[\text{A}]$

    (2) $\dot{I}_a=4\sqrt{3}\angle-\dfrac{\pi}{3}\,[\text{A}]$ ，$\dot{I}_b=4\sqrt{3}\angle-\pi\,[\text{A}]$ ，$\dot{I}_c=4\sqrt{3}\angle-\dfrac{5\pi}{3}\,[\text{A}]$

【1】 (1) $13.84\,[\text{A}]$ (2) $23.97\,[\text{A}]$ 【2】 (1) $34.8\,[\text{A}]$ (2) $20.1\,[\text{A}]$ 【3】 $120\,[\text{A}]$

【1】 (a) 全部 $15\,[\Omega]$ (b) 全部 $8\,[\Omega]$ (c) 全部 $R=6\,[\Omega]$，$X_L=9\,[\Omega]$ (c) 全部 $R=4\,[\Omega]$，$X_C=6\,[\Omega]$

【2】 △結線 $5\,[\Omega]$ Y結線 $1.67\,[\Omega]$

[P. 122]　6－6　三相電力

【1】　1.9[kW]　　　　　【2】　3[kW]　　　　　【3】　0.9[kW]　　　　　【4】　4.16[kW]　　　　　【5】　4.2[kW]

【6】　67.4[%]　　　　　【7】　(1) 3.12[kW]　　　　　(2) 5.20[kV・A]　　　　　(3) 4.16[k var]　　　　　【8】　4.16[kW]

【9】　19.2[kW]　　　　　【10】　14.4[kW]　　　　　【11】　12[kW]

[P. 125]　6－7　回転磁界

【1】　↗　　→　　↘　　↙　　←　　↖
　　　(a)　(b)　(c)　(d)　(e)　(f)

【2】　1200[rpm]　　　　　【3】　1500[rpm]

第7章　非正弦派交流

[P. 127]　7－1　非正弦派交流

【1】　(1) $8 \sin 1000 \pi t + 4 \sin 2000 \pi t$ [A]　　　　　(2) $8 \sin 1000 \pi t + 4 \sin (2000 \pi t - \theta)$ [A]

【2】　(1) 実効値 100[A]，ひずみ率 = 0　　　　　(2) 実効値 15.8[A]，ひずみ率 = 50[%]

【3】　(1) 80.6[Ω]　　　　　(2) 80.6[Ω]

[P. 128]　7－2　RC 直列回路の過渡現象

【1】　10^{-3}[s]

【2】　(1) 0.368 [V]　　　　　(2) 0.632[V]　　　　　(3) 1[V]　　　　　(4) 0[V]　　　　　(5) 1[V]

【3】　(1) 2[s]　　　　　(2) 0.249[mA]　　　　　(3) 1.39[s]

[P. 129]　7－3　RL 直列回路の過渡現象

【1】　0.05 [s]　　　　　【2】　3.93[A]

【3】　(1) 0.02[s]　　　　　(2) 78.6[mA]　　　　　(3) ① 126.4[mA]　　　　　② 25.28[V]　　　　　③ 14.72[V]　　　　　(4) 13.86[ms]

電気基礎　実戦ノート

初　　版　　平成 29 年 12 月 10 日　発行

著　者　電気教育図書研究会　編
発行者　伊藤 由彦
印刷所　株式会社太洋社

発行所　株式会社 梅田出版

〒530-0003　大阪市北区堂島2-1-27
TEL　06 (4796) 8611
FAX　06 (4796) 8612